熱帶雨林

多樣、美麗而稀少的熱帶生命

約瑟夫・萊希霍夫——著　約翰・布蘭德史岱特——繪　鐘寶珍——譯
Josef H. Reichholf　Johann Brandstetter

REGENWÄLDER

Ihre bedrohte Schönheit und wie wir sie noch retten können

目錄

前言：亞馬遜在燃燒 7
導論：一條鬱鬱蔥蔥的綠帶 9

第一篇 豐富多樣的熱帶生命

一、是綠色樂園？還是綠色地獄？ 14
二、熱帶雨林初印象 16
中美洲熱帶雨林 20
三、無以倫比的生物多樣性 26
四、物種多樣性的地理學 31
亞馬遜流域——森林與水 35
五、稀罕的美洲虎、常見的甲蟲及絕種的樹懶 42
六、雨林裡的巨人與侏儒 50
大西洋森林——巴西的海岸雨林 51

七、為何蜂鳥如此之小，而天堂鳥如此之美 61
雨林中的島山 66
八、各地的熱帶雨林 72
九、熱帶雨林如何自我更新 78
十、森林與伐林開墾 83
亞馬遜的森林破壞——馬托格羅索州 86
十一、森林的基本特徵 93
剛果雨林 97
十二、樹的本質 105
十三、貧瘠的雨林土壤 110
維龍加山脈 113
十四、熱帶雨林如何自食其力？ 121
十五、人類在雨林中的生活 128
聚落發展的壓力——剛果 132
十六、火之行星——焚林墾地與生物多樣性 136

第二篇　消失中的雨林

一、人與森林　142
印度叢林　148
二、熱帶雨林破壞的開始　159
熱帶島嶼　161
三、熱帶栽培業經濟的基礎　170
四、橡膠熱潮之後　176
東南亞的島嶼世界　178
五、熱帶林材　185
六、吃掉雨林的牛　191
七、大豆的勝利凱歌　198
八、「綠色能源」簡史　205
伐林墾地——婆羅洲　208
九、棕櫚油的關鍵角色　211
十、雨林裡的侵占者　216

十一、有毒的黃金 219
十二、人畜共通病與其他傳染病 222
天堂鳥之島 224

第三篇　留下熱帶森林

一、買下森林 236
二、華盛頓物種保護公約 241
大熊貓的小世界 242
三、債務免除與直接支付 248
四、自然旅遊能達成什麼？ 251

小結：因為我們需要森林 253
謝辭 255
文獻導引 258
雨林研究及保護雨林組織 262

前言：亞馬遜在燃燒

亞馬遜在燃燒。而且燒得要比過去任何時候都還要猛烈。已經有好幾萬平方公里的熱帶雨林付之一炬，僅僅二〇二〇年八月，從衛星航照圖上數得到的起火點就超過一萬處，比去年同時期要多出百分之五十以上。在二〇二〇年夏天，這樣的消息是少數能突破新冠肺炎報導重圍的議題——這場當時正肆虐人類的大瘟疫，幾乎占據了所有版面，連氣候暖化與Fridays for Future運動，此時都淪為配角。在新冠病毒開始擴散前，它們一直都是熱門環境議題。

每年北半球夏天的這個時節，地球就會化身為一顆著火的星球。因為南半球此時是冬天，在很大程度上是乾季，沒有傾盆大雨來澆熄那些為墾地焚林而施放的火苗，於是大火可以長驅直入地吞噬森林或掃蕩莽原，不斷擴大範圍。而巴西那位在政治上充滿爭議性的總統，就是利用此時藉機鼓動，或至少默許這種摧毀地表尚存最大雨林的行動。至於那些因此燒得一發不可收拾的大火，則被視為是可接受的附帶損害。

一如數十年來的慣例，放這些火的目的是要把雨林變成可用之地。它們可以變成養牛的草地，種大豆的耕地，或是讓那些沒田產的貧農幾年之內有塊地可忙，免得他們沒事又要惹出政治麻煩。至於這對全球氣候會有什麼後果？這點大可讓那些歐洲人去操心。可惜那些歐洲人也沒採取什麼會產生作用的行動；而且在此同時，美國甚至有位講究國家本位主義的總統，認為一切有關氣候變遷的討論都是廢話，因為這只會製造開銷並帶來損失，完全無益於美國。

至於那些南方國家的論點則是：「歐洲人——尤其是總妄想要改進世界的德國人——撙節能源所獲得的成果，中國一年的經濟成長就抵銷掉了。所以為什麼不也來主張『巴西優先』？巴西的人口正在成長，總人口超過兩億也有段時間，而既然事關自己的進步與發展，為什麼得聽那些想改善世界的他人的話？況且這也關係到整個南美洲——尤其是所有熱帶國家——的福祉。他們早就正式脫離那些殖民宗主國的管束，再也不願意讓人剝奪自己的主權。而那些新殖民主義者，假借熱帶雨林的無可取代性，以及那據說很高的生物多樣性之名，說穿了只是要中飽私囊，利用雨林來滿足自己的需要；而我們這些在各方面都極需急起直追的熱帶國家，卻應該為他們保留我們的森林！」

在巴西，很多人的看法差不多就是這樣。也因此在二〇二〇這一年，巴西毀掉了大約一萬五千平方公里的雨林。他們說，這是為了巴西。不過是為了巴西的誰？而歐洲人呢？我們一面控訴哀嘆著飽受摧殘、瀕危的雨林，一面卻很樂意購買巴西與其鄰國在那些曾經是雨林的土地上所生產的東西。進出口貿易適用另一種道德標準，支配它的是金錢、利益以及政治謀算。而我們可以如何扭轉這種情勢，全都寫在這本書裡。

導論：一條鬱鬱蔥蔥的綠帶

我們的藍色星球繫著一條綠色腰帶。它從太空中看起來隱隱閃著微光，就掛在赤道通過大陸與島嶼冒出海面的地方。這條寬窄不一、顏色墨綠的腰帶，是由熱帶雨林所組成的森林帶——或許該說「曾經」組成，因為這條綠帶如今不僅大幅縮水，還支離破碎、「漏洞」百出。伐林墾地早已鯨吞蠶食著它，它在某些地區甚至已完全消失。因此這條綠帶現在從太空中看去，簡直像正飽受害蟲肆虐、坑坑洞洞。熱帶雨林的面積，在過去一百五十年裡已被摧毀一半有餘，其濫墾濫伐的規模之大，完全超乎人所能想像。然而偏偏在我們的時代，焚林墾地還繼續在吞噬著倖存的雨林，儘管這些森林對人類以及對全球生態有多麼重要，早已眾所皆知，卻還是沒有任何人或任何作為，能遏止這種破壞。

雖然就面積而言，北方針葉林（泰卡林）更加廣大，但熱帶雨林的物種多樣性遠比它豐富，生長也繁茂快速許多。因為這裡既沒有北方針葉林帶冬天的酷寒，也沒有熱帶或副熱帶莽原區的苦旱來限制樹木生長。拜位居赤道兩側的熱帶區之賜，這裡降雨規模之驚人，完全足以在歐洲這種氣候較溫和的緯度帶釀成巨大洪災。年雨量兩千五百公釐不過是基本值，大部分地區要遠高於此；在最極端的例子裡，甚至可超過一萬公釐。對第一次經歷這種陣仗的人來說，那簡直就像整個天空都要跟傾盆而下的雨水一起坍塌。全世界最大的河流，亦即南美洲的亞馬遜河，便源自熱帶雨林，僅僅是從這條河注入南大西洋的水量，就占了全球河川總流量的五分之一到四分之一。其年平均流量為每秒二十萬立方公尺，而非洲的剛果河則以每秒約四萬立方公尺居次；萊茵河為每秒兩千立方公尺，也就是亞馬遜河的百分之一及剛果河的二十分之一。不過這兩條大河在流域內所匯集的水量到底有多驚人，這些數字還是只約略提供了一些輪廓。

森林與水，確實決定了熱帶雨林的自然特徵，但把雨從海洋帶進來的風也很重要，它們是維繫水循環的熱帶風系的一部分。水汽經由雲層被帶到陸地，然後又從河川回到海洋。一個大致呈水陸兩棲性的世界在雨林裡形成了，它看起來非常古老原始，也確實完全如此。因為即使全球氣候不斷反覆震盪，讓這些熱帶森林的面積時而萎縮時而擴大，在漫長的地球時間裡，它們還是一直保有森林帶的形式，直到這時代的人開始大規模將它們破壞。而這種破壞所帶來的後果，要遠比砍伐非熱帶地區的森林嚴重。

這本書所要寫的就是這些熱帶森林，有關它們如何被破壞，這對人類與自然帶來那些影響，以及熱帶雨林還有哪些東西能夠被保存。事實會證明，我們這些所謂第一世界的人，對此要負最大的責任。歐洲殖民主義對熱帶地區的剝削，是十八與十九世紀雨林破壞的開始，而且直到至今仍未消停，只是以其他方式來進行。其中最具關鍵性者，就是我們對「綠色能源」的迷思以及我們所飼養的牲口。這些正在吞噬著熱帶森林，因為清除後的林地，正是要用來種植飼料作物與油棕。我們過度養殖牲口，遠超過本身農地生產之所能負荷，而這正透過破壞熱帶森林，多方影響著全球的氣候。假如我們依然不重視經濟型態對熱帶會產生哪些作用，即使德國或歐盟境內真正達成「氣候中和」，對我們自己及後代子孫也沒多大用處。如果不停止這種掠奪式開發，我們將如何經由熱帶劇烈改變氣候，又將失去多少生物多樣性，是本書的兩個核心主題。至於第三個主題，則是希望能呈現熱帶世界的獨一無二性，並闡述保存它們的可行辦法。

熱帶雨林不是那種面積縮減了還能再彌補回來的森林。它是地表物種最豐富的棲息環境，這裡生命之多樣繁茂，遠遠超過所有其他區域。人造的多樣性與美景，一旦摧毀還能被復原，但自然的豐富多樣與美麗卻不行。我們的所作所為，是不可逆的。人類的地球新時代，也就是所謂的人類世（Anthropozän），並不是一個美麗新世界的開始。這個稱號只表明人類對地球已經變成一種災難，破壞力堪比巨大彗星的撞擊。然而身為罪魁禍首，每個人所造的罪孽卻大不相同。事實上是少數人為了致富，行為根本與寄生蟲無異，但絕大多數的人卻得承擔其後果。這個世界缺少的不是知識與見解，而是對破壞勢力的合理管控。我們能夠、也必須對這些勢力設定底線並及時制止，為了全人類與自然的福祉！

第一篇

豐富多樣的熱帶生命

1

一、綠色樂園?還是綠色地獄?

熱帶雨林的物種，簡直是一種多到滿溢的狀態。幾乎每片葉子背後，都藏著奧妙無比的生命；而那些色彩瑰麗、形狀奇異的花朵前，則有小小鳥兒在嗡嗡飛響，一旦被陽光照射，便閃耀得像寶石般璀璨。此外，還有猿猴在蔓藤上身輕如燕地盪來盪去，五彩繽紛的鸚鵡倏然飛過，森林小徑上則飄著迷人的香氣。衣物因四季如夏變成多餘，人就像自然之子，生活在樂園的天體狀態。吊床上靠著年輕的母親，胸前則是哺乳中的嬰孩。背著弓箭的獵人悄聲走回村子，帶著之後要在節慶盛宴上燒烤得香氣四溢的野豬。總之樂園的生活，肯定差不多就是這樣吧！或許森林可以稍微不要那麼濃密，讓更多陽光能反射或照射進來。它或許就像歐洲的森林，只是更多樣化、更神祕，還一年到頭都很溫暖；既然森林在歐洲都已經被視為「綠色樂園」，那熱帶森林必定更是樂園中的樂園！

這種過分美化且結合一種對古老未知原鄉之嚮往的想像，令人匪夷所思地形成在這樣的時代——探險家與研究者經歷了、並如此描述「綠色地獄」般的雨林：總是很潮濕的空氣讓衣服發霉，皮膚長出頑癬且正繼續往下侵入，被各式各樣蚊蟲叮咬、吸血然後感染可能致命的疫疾，每條樹根後都躲著毒蛇準備要埋伏你——有時牠也會從天而降，掉在那些正在林下斬草開道、毫無防備的人身上。總在夜晚出動的吸血蝙蝠，則會找到身體微溫、正在睡夢中的倒椙鬼，以享受一頓鮮血大餐。狡詐的土著還會以呼聲或笛聲，把迷途者引誘到無路可走的森林深處，就像希臘神話中的牧神潘一樣。印地安人和匹美人則被認為是備受疾病折磨的可憐人，為了多活幾天，他們會殺掉珍稀且瀕臨絕種的動物。

由此看來樂園與地獄，似乎只有一線之隔，彼此多方面相通且完全可互換。其實這兩種畫面，分別呈現出兩種觀點下的真相，它們不互相矛盾，而是彼此互補。分別置身在這兩種觀點世界裡的人，或許很難理解這點，因為對他們來說，其他觀點都是錯誤想像下的歪理。但這兩種看法，其實都點出現實狀況的特徵。熱帶雨林以其物種與生命形式之豐富，以其生態之美與獨特性，只要可行我們都應該盡量保存；然而必須生活在真實狀態下的雨林中的人，同樣也得面對上述那些被誇大的危險。熱帶雨林的生活，並不是在天堂度假。人類在本質上並非雨林生物，而雨林對人類來說也不是豐饒的伊甸園。破除這樣的迷思，是我們了解熱帶雨林的首要任務，而且得雙向進行，不管是人類之於雨林，或雨林之於人類。

因此，本書第一篇將闡述這種森林所提供的生存條件，只有充分認識這點，才能理解人類至今對它的利用出現那些問題及後果，也才能以更好的理念來取代。

二、熱帶雨林初印象

地表目前最大的熱帶雨林，分布於亞馬遜、剛果與婆羅洲地區。而想拜訪這些地方的人，通常滿腦子都是前面曾特別突顯過的那些刻板印象。所以我們暫且撇開那些曾大膽深入雨林，並報導過自己如何在「綠色地獄」裡劫後餘生的探險家，來看看另一種認識雨林的途徑。那是從一種「對無與倫比的熱帶奇觀之期待」中出發，例如在英國作家魯德亞德．吉卜林（Rudyard Kiplings）的《叢林奇譚》（*Dschungelbuch*）裡，人類之子毛克利（Mowgli）就親身經歷過猿猴、豹、老虎、熊、大象等動物。不過一如我們之後會看到，印度叢林並非熱帶雨林，而是一種數千年來就一直有人類利用的季風林，因此根本不能歸於此類。

至於在熱帶雨林裡，例如亞馬遜地區，我們會看到那些動物呢？肯定有猿猴，還有在體型及力氣上都大於豹、但比老虎小的美洲虎。不過那裡既沒有大象也沒有熊，德文裡被稱為「亞馬遜螞蟻熊」、長相奇特無比的食蟻獸，樣子更是和熊八竿子打不著。這裡當然也有鸚鵡和其他五顏六色的鳥兒，例如飛行方式獨特、我們之後會再更詳細介紹的小不點蜂鳥，與美得不似在人間的蝴蝶。然而所有這些，幾乎都不會出現在你的雨林初體驗裡，你對它的第一印象，其實更常會是「簡直叫人失望！」

那裡的葉子多半綠得很缺乏光澤，幾乎可說是粗糙。樹木乍看之下只有棕櫚與非棕櫚之分，而且上面也絲毫不見明豔盛開的蘭花。你甚至連想聽到一點悅耳的鳥鳴都沒辦法——至少一開始是這樣，因為鑽進你耳朵的通常會是噪音般的尖銳蟬鳴。

我們其實幾乎不會跟這裡數量最多的動物直接打照面，反而更常是在伸手捉住藤蔓、把步道旁的枝條撥開或坐在一根倒木上時，帶著疼痛「感覺」到牠。那是數量遠遠超過其它動物的螞蟻與白蟻，若從這點來看，牠們可說是主導了亞馬遜雨林的動物世界。你甚至通常看不到白蟻，除非能認出牠的巢穴——這種深色結構物，會出現在樹幹上枝椏分岔處，或直接黏附在枝幹上。白蟻會從這裡向地面築出管狀通道，它們既像粗大的血管，也像奇形怪狀的樹根。白蟻畏光，因此一如不會把巢築在河岸淹水區，牠們也會避開樹冠。白蟻通道所構成的「血管」，無法讓人對牠驚人的數量產生強烈印象；即使這裡生活著種類最南轅北轍的螞蟻，我們也因為太少看到，而無法想像牠們的數量實際上有多龐大。有些動物專家就說，雨林裡除了白蟻與螞蟻，根本什麼都沒有。

了解數量關係，對第一印象非常重要：在雨林裡，單位面積土地上——如每公頃——的白蟻和螞蟻總重量，超過猿猴、鳥類、甲蟲及蝴蝶等其它動物的總和。而這也意謂著，我們對熱帶雨林最期待的動物世界，偏偏就是以稀罕著稱。多樣性與稀少性是一體的，這點非常重要且影響深遠。當你走進一座大致仍處於自然狀態的熱帶雨林，見到的不會是充滿野生動物的塞倫蓋提（Serengeti）；在那裡靜候你的是鋪天蓋地的綠意，與高大得驚人的樹幹，一個讓人置身其中得步步為營、小心謹慎的植物世界，在尚未仔細確認上面是否有能痛咬人的螞蟻前，最好連藤蔓都盡量別碰。與東南亞的雨林不同，亞馬遜雨林裡沒有水蛭潛伏，不過只要是步道經過的地方，就可能有沙蚤（Jigger），一旦被螫咬，皮膚就會搔癢灼熱難耐。而從遭受蚊子攻擊的地點可以確定，就是人類的定居為牠提供了孳生的溫床，因此我們也必須做好心理準備，隨時都可能感染瘧疾或其它由蚊子傳播的熱帶疾病。

不過當我們被一陣嗡嗡聲所吸引，並發現自己正被注視著，這一切顧慮就又會立即煙消雲散。一隻蜂鳥停在半空中，在我們面前只有一臂之遙處；牠忽而閃到一邊，忽而或後或前，毫不掩飾地打量著我們，是希望我們對牠打招呼嗎？如果是的話，我們又該怎麼做？如果這是一隻母鳥，羽色應該是不太耀眼的祖母綠；但若是公鳥，則會穿戴一身閃耀著艷紅、寶石藍或紫色的華麗羽衣。不一會兒，這個小不點會突然消失無蹤，彷彿這一切都只是幻影。不過此時在樹影幽暗的小徑上，會有道小小的藍影朝我們滑翔而來，在牠翩翩飛舞而過的瞬間，我們會認出那是隻蝴蝶，比人的手掌還大，羽翼正面閃耀著絢麗的藍。是一隻大藍閃蝶。

忽然間，我們會聽到鳥的鳴唱，至少聽起來很像，然後跟著又是一種我們無法確定是蛙類，或真的是鳥所發出的哨音。你也會以為那唧唧聲與尖銳刺耳的叫聲是來自蟬鳴，但其實並不一定。聽起來嘹亮無比、響徹森林的錘打聲，不是來自打鐵匠而是鳥。喋喋不休的嘎嘎聲可能發自鸚鵡或猿猴，唧唧啁啾聲也是。牠們因為經常神龍見首不見尾，所以我們沒辦法將那些聲音加以歸類。只有真正內行的導覽員，或那些累積多年經驗已夠格當專家的人，才能說出到底是誰在森林裡四處呼喳。

他們跟那些喜歡遠遊、經驗老道，熟悉東非、南亞或東南亞國家公園的自然愛好者完全不同。後者會拿著望遠鏡和圖鑑，舒舒服服地靠在躺椅上研究那五彩繽紛的鳥類，還能享受以全景視野欣賞大型野生動物。那裡的織布鳥或受餌料吸引，或從經驗得知遊客總是很樂意與牠們分享美食或茶點，還會自動飛到這些渡假屋的門廊前。然而在亞馬遜地區，這類與非洲或亞洲織布鳥很相似，都會築出懸掛式袋狀巢穴的鳥，卻經常與胡蜂共居一處；但胡蜂不僅螫人特別痛，對任何太接近自己巢穴的生物還攻擊性特別強。這裡的小型鳥也幾乎從不會成群出現，比起牠們在東非與印度的同類，行為通常更沉穩冷靜。整個大亞馬遜地區，有著地表四分之一的鳥種。

這些初步體驗，讓我們進一步窺探了熱帶的自然環境。而當地的土著對此非常清楚，他們歷經無數世代，用幾千年的時間適應了這樣的環境。雖然從外表特徵來看，全球各地雨林民族的來源非常迥異，但他們在生活方式上跨大陸性的驚人一致性，卻告訴我們一點：若想在熱帶雨林裡生存下來，就得這樣過活。我們會瞭解，有關「這個終年潮濕的森林裡到處都是吸血蚊蚋」的預期或恐懼，既是正確也是錯誤的——說它正確，是因為雨林裡確實有這樣的地方；至於錯誤，則是那裡面還有極其廣大的區域，根本幾乎沒蚊子。

不過住在雨林裡的人，到底是得把自己包緊或可以赤身露體，並非只決定於有沒有蚊子或其他吸血動物，更重要的經常是人的皮膚在潮濕衣物覆蓋下，會不會感染真菌。除此之外，還有是否能從食物或飲水中攝取到足夠礦物質的問題。這些都是他們每天得面對的問題，相較之

中美洲熱帶雨林

一開始，那種繁茂多樣簡直讓人眼花撩亂，你根本不知道該把視線投向何方。不管任何角落都琳瑯滿目，叫人應付不來，這就是哥斯大黎加雨林給人的第一印象。這個在世界面積相對算迷你的蕞爾小國，卻是生物多樣性上的巨人。它位在連接南、北美洲的狹小陸橋上，然而相較於整個歐洲，這個熱帶小國不僅擁有更多鳥種，在蝴蝶與其他昆蟲種類上，更是多出許多；除此之外，這裡甚至還有稱霸整個新大陸，體型最大也最有力的貓科動物。這種在拉丁美洲經常被直呼「老虎」的美洲虎，不管重量和力氣都明顯超越非洲與東南亞的豹許多，只有獅子和老虎比牠更大更強悍。然而在美麗且文明的哥斯大黎加，人們卻與美洲虎及許多其它被歐洲或北美人認為「非常危險」的動物生活在一起。

事實上比起毒蛇猛獸，非生物性的自然力量，更明顯主宰了他們的生活、工作與行動，例如頻繁的地震、隨時都可能爆發的火山，以及風暴與洪水。而且若想了解中美地峽驚人的生物多樣性，關鍵正藏在這些自然力量中。那些「地殼構造上的騷動」，也就是火山噴發或地震所導致的岩石碎裂，多少不時為土壤添加了礦物質，而這對植物生長非常有益。

養分充足的植物，又會進一步造福動物。因此不管是哥斯大黎加，或是巴拿馬、瓜地馬拉及其鄰近地區，不僅每種動物的數量幾乎都遠高於亞馬遜單調一致的遼闊林野，還經常出現效果簡直堪稱奢華的外表，例如阿茲特克與馬雅人的神鳥——魁札爾鳥（Quetzal）。如果說魁札爾鳥背部那種無與倫比的寶石綠，已經明豔璨爛到足以使牠成為這種形容的最佳演繹，牠胸腹側呈強烈對比的鮮紅，更使這種華麗等級更上層樓。魁札爾鳥背部那抹璀璨的光芒，在雄鳥身上會延伸到兩道比牠身體還長的尾羽上；當牠飛翔時，這兩道尾羽會彷彿高超全像投影技術下閃耀在叢林間的綠波，追隨在牠大約與鴿子相當的鳥身之後。一隻明豔亮麗的魁札爾雄鳥在鑽進樹洞巢穴時，尾羽會懸在洞外隨樹冠上的微風款擺；而這樣的畫面並不少見，因為魁札爾鳥的王國，幾乎遍及整個中美山地雨林。牠的羽毛是如此珍貴，連歐洲人入侵前的印地安統治者，都會命人用它做成彩色羽衣，以展現自己無上的權力。

魁札爾鳥羽色的細緻與耀眼程度，其實更勝真正的寶石綠；令人難以置信的是：魁札爾鳥的主食是酪梨樹的果實，而我們根本無法想像酪梨究竟含有什麼成份，能讓它的「愛用者」展現出如此風華絕代的羽衣。首先因為這種寶石綠光澤，其實跟「真正」的顏色無關，牠羽毛表層的細緻結構才是關鍵，這種質地能反射回光的綠色波段，並使其融合為一種柔和且具絲絨效果的微光。魁札爾鳥腹部的腥紅色，則是色素形成的真正顏色，類似某些中歐鳥種，如歐亞鷽（Gimpel）胸腹部的紅，或紅額金翅雀（Stieglitz）臉上面具般的豔紅。

這種在我們眼裡與原始森林的綠意搭配得如此完美的寶石綠，相當於蜂鳥身上由綠到藍或紫色的金屬光澤；而僅僅是哥斯大黎加，就有五十二種蜂鳥。牠們幾乎無所不在，尤其在富含花蜜的花朵盛開之處。那些專門仰賴蜂鳥授粉的花，在我們眼中通常也紅豔得很「刺眼」，因為人跟蜂鳥都看得見這種紅色，但蜜蜂與其他昆蟲卻不能。大部分的花都是以蜜蜂或昆蟲為主要授粉

中美洲熱帶雨林

者，可是紅色對牠們來說太暗，已經起不了作用。這個生物學上的既有事實，有時會帶來令人驚喜不已的新體驗——女士們塗得非常艷紅的唇會引來蜂鳥，而牠朝當事者飛去的樣子，簡直就像要親吻她。在哥斯大黎加的大自然裡被如此熱烈「歡迎」，肯定是終生難忘的經驗。

不過即使這裡物種之豐富讓人目瞪口呆，花其實還是相對少見的。這點在熱帶地區幾乎都是如此，就只有花園與公園綠地是例外，一年到頭都有花在開。所以能不能找到珍奇的花，例如插圖右側那種俗稱蜘蛛蘭的長萼蘭，前提是你對雨林有多熟悉。但你絕對不會錯過的，是那多不勝數的附生植物，它們顯示了自己有辦法仰賴從空氣中取得的養分維生，例如那些遠從撒哈拉沙漠被信風帶來、含營養物質的沙塵。哥斯大黎加共有一千一百多種蘭花。

就數量及生態而言都最具優勢的螞蟻，你經常得更仔細端詳才找得到，不管是在這張圖中或在自然界。即使是色彩很繽紛亮眼的鱗翅目，例如像 Anaxita decorata 這種燈蛾，在白天也有辦法以完美的偽裝避人耳目。不過一到晚上，牠就會與許多其他飛蛾趨向光源，也要到這時候，那種令人目不暇給的多樣物種，才會變得可見。

下，那些喜歡聳動的作家所強調的毒蛇猛獸之險，根本微不足道。人類能否在雨林裡順利落腳且生存下來，並非取決於老虎、豹或美洲虎，而是取決於微小或甚至不可見的事物，那些致病因素與營養缺乏症。

儘管某些東南亞地區的雨林，有象群踐踏作物造成大規模破壞的問題，但那也只發生在真正有辦法種植作物的地方，假如土壤生產力很差，根本就沒有這個問題。此外，不同地區的人如何看待大象也迥然不同，像非洲剛果的匹美人，就認為大象可以提供大量的肉，是難得的食物來源。亞馬遜雨林沒有大象、水牛、森林羚羊等大型動物，但非洲及東南亞卻有，這也是解釋不同雨林的可利用性為何有異的重要線索。亞馬遜雨林最大的哺乳類動物是貘，若以非洲或亞洲的尺度來看，牠根本連中型動物都稱不上，更何況牠也非常罕見。

亞馬遜為何缺乏大型哺乳類動物？來自歐洲與南亞的牛，在當地又有哪些發展性且產生了什麼後果？為了飼養肉牛，亞馬遜雨林已從邊緣被大面積清除砍伐。在衛星航照影像上，牧牛草場與大豆耕地更已逐步侵入雨林深處，我們完全可以直接看到，是在巴西、婆羅洲或剛果，人們正在不斷逼進雨林。為什麼會發生這種事？這是我們的核心問題，而要回答這個問題，就得先來看看熱帶雨林的自然特性。

三、無以倫比的生物多樣性

亞馬遜地區擁有一千五百種以上的鳥類。如果把亞馬遜河上游源流區的安地斯山谷地，以及在歐洲視角中也巨大無比、主要分布於委內瑞拉與哥倫比亞境內的奧里諾科河（Orinoko）與馬格達萊納河（Magdalena）流域也算上，整個區域的面積便約略等同於歐洲，但在這範圍內所發現的鳥種，卻是歐洲的三倍。若把目光移到哥斯大黎加這個小國，那裡物種之豐富多樣與密集更叫人咋舌。

哥斯大黎加的面積，雖然大約僅為巴伐利亞邦的三分之二，其鳥種數量卻比整個歐洲都還多。此外，它還有兩百三十六種哺乳類動物、一百四十種蛙類、以及兩百二十八種爬蟲類。那裡經證實的天蛾科飛蛾就有一百二十一種，而整個美國與加拿大合計也才一百一十五種。至於蝴蝶種類，則大約有五百五十種，而歐洲與西北非也不過四百四十種——其他以此類推。像甲蟲、蝴蝶或椿象這些種類特別豐富的物種，一般引用的數據都只是大約統計或估算而來，這裡物種太過繁多，以致許多生物根本至今未為人所知。

不過有個趨勢很明顯：愈進入潮濕的雨林深處，絕大多數動、植物群的物種數量就愈急遽陡增，其程度甚至是指數性成長。因為想比較物種多樣性就得考慮面積大小，然而即使（很）慷慨地把哥斯大黎加看作跟巴伐利亞一樣大，這個熱帶小國還是比巴伐利亞多出十倍有餘的蛙類，二十倍有餘的爬蟲類，以及十倍之多的天蛾科昆蟲（其實應該更多，因為許多巴伐利亞的飛蛾只是過境）。至於熱帶雨林的樹種之繁多，更是只有真正的專家，才有辦法加以鑑定。這裡沒有我們在野外觀察或調查時常用的那種圖鑑書可用，因為僅僅在委內瑞拉境內，已經證實的樹就有兩千四百種。平均每平方公里都有幾百種不同的樹，在一公頃的研究面積裡，更可能每棵樹都是另一個樹種。外行人眼中同樣的樹種，事實上卻可能分屬不同科下另一個完全不同的屬。

由於同行的埃梅・邦普蘭（Aimé Bonpland）是位優秀的植物學家，亞歷山大・馮・洪保德（Alexander von Humboldt）在他的「新大陸赤道地區」壯遊中，其實已經意識到那裡的植物種類何等豐富多樣。熱帶的自然景象讓人如此印象深刻，以致即使飽受吸血蚊蟲及其它瘟神般的蝨子之苦，他們仍為其心醉神迷不已。不過一直要到半世紀之後，許多動物研究者與採集者才真正意識到這裡令人咋舌但也費解的物種之豐富。他們當中尤其知名的，是曾經在亞馬遜地區進行過採集的亨利・貝茲（Henry Bates）與阿爾弗雷德・華萊士（Alfred R. Wallace）。不少其他研究者也注意到這裡物種特別豐富的現象，但他們卻無法解釋為何絕大部分的物種，數量都如此稀少。捕捉甲蟲或蝴蝶的經驗告訴他們，蒐集一打不同的物種，要比捉到五隻或十隻相同物種容易得多。而他

們顯然認為這種稀少性是人為的，因為當時到得了的河岸地區多少都有人居住。即使一直到二十世紀，河流都還是人們遠行或探究廣大雨林的主要通道。

那些在二十世紀後半初期出版的小畫冊，完全表達出人的想像力，是多麼強烈反映著自己的期待。它們用多彩繽紛的畫作，來呈現雨林動物世界的多樣性，那上面的每一棵樹上，幾乎都有一隻充滿異國情調的鳥、蛇或巨大的蜘蛛；而樹木的板根間，可能暗藏了一隻美洲虎，正向外窺視著在地上打轉覓食的小豬——也就是西貒；在高高的樹冠上，則坐著或藍或紅、羽色斑斕的鸚鵡與其它鳥類，牠們的樣子根本無可比擬，因為不管在美國或歐洲，你都找不到像這樣的鳥。此外，當然還少不了蜂鳥、身帶美妙光澤的大型閃蝶、旖麗盛放的蘭花等等。這些圖畫，塑造著人對熱帶美洲雨林物種之多樣豐富的想像。如果是非洲，上面還會添加幾隻大猩猩、黑猩猩與獾㹢狓（Okapi）——一種直到二十世紀初，才被發現的森林長頸鹿；在東南亞，則會添上紅毛猩猩、長臂猿和犀鳥；而其中最艷冠群芳的，莫過於新幾內亞島的天堂鳥。

雖然這些動物確實都存在，沒有任何一種像過去描寫人猿那樣，是憑空想像或道聽塗說虛構出來的，但牠們並不是以這種方式出現在熱帶雨林裡——就像被精心豢養在有森林布景的動物園一樣。於是許多人帶著從這些圖畫得到的印象，到熱帶美洲、非洲或東南亞旅行，然後驚愕地發現事實與此完全不符。如同我們一開始就說過，這些森林經常幾乎不見任何動物蹤跡，尤其是大致仍未受人類活動影響的區域。你在東非國家公園的獵遊行程裡，很容易一天內就看到上百種不同的鳥；在德國境內鳥況很好的區域，一天要看到上百種也是可能的；然而在熱帶雨林裡，撇開少數幾個比較特別的地方，也就是那種在賞鳥圈裡很快就眾人皆知的「熱點」，你得尋尋覓覓幾星期或幾個月，才能見識到這樣的多樣性。但如果是螞蟻和白蟻大軍，只要稍微找一下，根本就隨處可見。

追查這些現象的原因，有兩方面的重要性。一來這種情況讓人產生一種印象——這些林地似乎可以被毫無顧忌地砍除，反正那裡面幾乎沒什麼動物。眼見為憑，捍衛一座裡面什麼都看不到的森林，要遠比一個讓人感覺到處都是動物的地方困難得多。這也是為什麼動物園遠比絕大部分的自然保育區都更具有吸引力，儘管比起戶外自然保育區，我們在動物園裡的行動更被侷限在步道上。至於另一方面，則事關對稀少性的了解。物種多樣性跟它有何關係？既然熱帶雨林在溫度、光線和濕度上的生存條件都如此均質，為什麼會產生如此驚人的生物多樣性？比起終年濕潤的熱帶森林，德國森林所面對的環境條件變動，肯定要遠遠大得多。因此德國的森林或許甚至應該有更大的生物多樣性，畢竟這裡有冬天，地勢高低也多變化，而這些都是能塑造差異的結構性因素。一個生態學上的普遍定論是：物種多樣性的形成，強烈仰賴結構上的多樣性。地貌單調一致的廣大區域之物種，要遠比結構多變者貧乏得多。因此過去的傳統農業確實讓在地物種更豐富，不像現代工業化農業所帶來的是急劇的毀滅。

最後我們也應該要知道，或至少在某種程度上能有效估算，氣候暖化對全球物種多樣性會帶來哪些作用。由於生物多樣性朝熱帶顯著遞

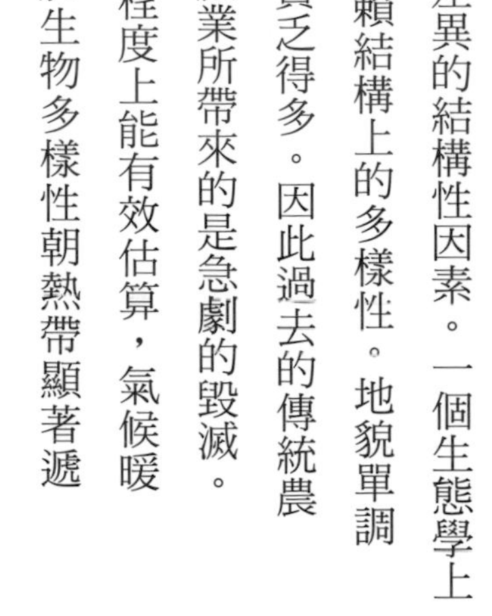

增，一般認為持續暖化對多樣性理應是助長，而非危害或甚至大舉毀滅。因此原本只有特定學者感興趣的問題——「熱帶繁多的物種究竟如何發生」，極可能是有普遍重要性的。它與地表生命的未來息息相關，所以我們有必要更仔細審視熱帶雨林的物種多樣性。而這一切都與維繫物種生存的基本先決條件有關，例如食物、繁殖、天敵、疾病以及其他物種的競爭。不過想要從這些根本層面探討熱帶森林裡數以百萬計的物種，當然是不可能的事。幸好那其實也大可不必。這方面所累積的大量科學知識，已足以讓我們用幾個適切的例子，來呈現熱帶雨林生命的特點。而我們最想探討的問題，就是這裡的物種為什麼特別豐富。

四、物種多樣性的地理學

每個物種都有自己的生態棲位（Ökologische Nische），這是基本生態學概念。不過有關生態棲位究竟是什麼的看法，卻南轅北轍，莫衷一是。從把它描繪成充滿畫面感的「自然之屋」，到把它比做一種抽象的數學「多維空間」都有；前者認為「自然之屋」裡各個樓層都有許多房間，而每個物種都占有一個位置——就像嵌進「龕位」一樣，後者則認為物種的每種環境關係都構成一個「維度」。然而這兩種概念，都無法適用在我們的脈絡中。因為前者太僵化也太靜態，後者以數學方法描述物種的形成與活動，對想理解生物多樣性則幫助非常有限。物種在自然之屋裡各有棲位的概念，甚至會讓人產生一種錯誤印象，以為所有的生命都有固定的位置以及預定的級別。然而大自然是多變的，生命也是動態的，所以演化才變成可能。一個固著、持久不變的自然界不會有演化，也不會有人類的出現。

上面這段引言的目的，是提醒我們不該把目前的狀態視為一成不變，而是要把它看做演變的結果。這些演變不僅發生在非生物性的自然界——像在氣候、水循環或地球漫長歷史過程裡的大陸漂移及風化作用中；也透過新物種的形成與擴散、物種分布區的推移以及物種數量在一地的升降，在生物性自然界中進行著。只要稍微回顧歐洲或北美洲最後一次冰期結束以來，自然環境所發生的轉變，就會明白。一萬八千年前，巨大的冰層不僅覆蓋了大範圍的北美與北歐地區，也籠罩在地理上緯度要低得多的中緯高山區。當時氣候乾冷，森林的面積大幅縮水，並撤退至南方的庇護所；凍原的面積則大舉擴張，地面冰封數丈。即使是在熱帶，河川的水量也非常稀少；由於海平面下降一百多公尺，降水量也因而要遠比地球溫暖期少得多。

最後一次冰期（更精準地說是寒冷期）的極盛期過後不到幾千年，地球氣候進入了和緩期。冰蓋開始融化，河川水位升高，降雨量增加，森林也再度擴大。一個新的動物世界取代了冰河時期的動物相，混雜了能適應較溫暖氣候與遷徙避寒後的倖存者。人類則四處游獵、採集，行蹤遍及歐、亞洲大陸，並約莫在最末冰期結束前，跨越連接東北亞與阿拉斯加的陸橋，抵達北美大陸。許多大型動物滅絕了，而很可能是人類的過度捕獵，使牠們無法像過去進入氣候暖化期那樣，在這個全新的時代生存下來。後冰期，也就是學術界所稱的全新世，在農耕活動的發展與擴張下演變成人類時期，也就是人類世。

人類活動對後冰期動、植物世界的發展，影響幾乎無所不在。只有少數位置非常僻遠孤絕的海洋島嶼，能免於有人類涉足；然而隨著航海時代的來臨，它們終究也逃不過人類在全球施展的影響力。而熱帶雨林在冰期結束後的發展，也是在這種情況之下。因為地表寒冷期的雨量太少，它的面積曾大幅縮減。但由於這部分的土壤層非常淺薄，想重建它的發展歷史也特別困難。這點在北方的大陸上要相對容易許多，因為那裡的高位沼澤土壤中，保存了開花植物的花粉，只要對其逐層分析，就可以釐清過去植物世界的演變，而我們的森林在末次冰期之後的發展，也就能從中加以重建。以德國為例，它在氣候上界於歐洲西部海洋性氣候與東部大陸性氣候之間，根據這種研究分析，不同樹種在過去幾千年間先後來到這裡，而且在人類因擴大農耕活動而開墾林地的同時，歷史上森林重返的行動並沒有結束。因此那些始於十八世紀的觀察——有關當時有哪些動、植物及其數量——留給我們的只是一種時間紀錄，而不是後冰期發展的最終狀態。

我們是否可以這樣假設：當歐洲的科學家在兩百年前開始研究熱帶雨林時，雨林其實早就已經進入一種穩定不變的狀態？有些人認為這是合理的，因為在冰河時代冰期與間冰期劇烈交替的氣候變動過程中，熱帶雨林的變化不過是面積反覆縮小與擴大，並不像熱帶以外的森林那樣必須遷移。因此，它最終可以有好幾百萬年那麼老，不像北美或歐亞大陸的森林那樣，「只有」幾千年的歷史。有些人則特別強調這段地球史上還算年輕的過去所發生的變化，因為如果更仔細觀察，尤其是針對動物，便會發現廣大的雨林在分布上雖連續不斷（至少一直到不久之前），卻存在許多所謂的種群[1]與島嶼型態[2]現象。但是為什麼巨嘴鳥或猿猴會與毫無疑問是自己近親的物種或形態，在雨林裡呈現馬賽克狀分布，儘管牠們在亞馬遜、剛果盆地或遍及東南亞島群上的棲息環境都如此一致？東南亞的物種特別豐富，是島嶼眾多所帶來的結果；僅僅

1. 譯注：指一組密切相關的近緣物種棲息在相同區域內。
2. 譯注：指島嶼物種的演化法則，小型動物因缺乏天敵而變得越來越大，大型動物則因為食物資源缺乏而變得越來越小。此理論仍存在爭議。

是印尼就超過一萬四千個島嶼，況且還有菲律賓以及新幾內亞東邊的島群。但亞馬遜地區的物種多樣性卻毫不遜色，或甚至更高。

同樣的，這些問題不僅是專家關注的焦點，它甚至關係到熱帶自然保育的核心。因為如果這裡多樣物種的分布天生就呈現島嶼或馬賽克狀，那「改造」雨林的行動就會被合理化，人們會認為即使完整的雨林被切割成許多小島，還是可以保有豐富的物種，只要這些森林島嶼的面積夠大。因為在冰河極盛期，亞馬遜雨林的狀態應該就是如此，溫暖期完整茂密的森林，此時會萎縮成為分散的小島；那些島嶼之間散布著草地，就像今天非洲的莽原或巴拉圭大查科（Gran Chaco）的多刺灌木草原。面積也曾經極為廣大的東南亞雨林，則以一種不同、但效果相似的方式，變成了真正的島嶼世界；那是大約在一萬年前，當海平面大幅上升，淹沒今天那些島嶼的基部。新幾內亞島與澳洲大陸隔開，婆羅洲、蘇門答臘以及其他島嶼則是從馬來半島分離出來，這些島群是如此年輕，完全不是「亙古洪荒以來」永恆不變那一回事。

不過上面這種說法，是否違背了生態學與生物地理學的一個基本常識：物種的多樣豐富性，強烈取決於面積大小（亦即面積愈小，能生活其上的物種就愈少）？我們周遭還保有一點大自然的地方或保護區，大多是小面積的零碎空間，物種多寡視面積大小而定在這裡確實是個大問題。許多保護區的面積，根本就小到無法發揮它預定的保護功能。雨林面積在寒冷時期的萎縮，理應降低其物種多樣性，然而許多線索卻指出，它在冰期交替的變動時期物種多樣性增加了。比起大陸上面積相當的區域，許多島嶼的物種確實更加豐富，這點我們在地中海地區便

亞馬遜流域——森林與水

流量最大的河川，帶來最大的洪水，這樣的因果關係似乎完全符合邏輯。然而亞馬遜河的洪水，已完全超乎水量增加與氾濫幅度間的正常關係，而這對亞馬遜雨林帶來了某些後果。儘管並非毫不費力就能看出端倪，但原因其實很簡單。這條大河從安地斯山脈東緣開始，那些巨大的源流河在此離開高地但尚未匯入主流，一直到注入南大西洋為止，其間三千多公里的河道，幾乎完全不再有任何坡度。這甚至使亞馬遜河的洪流，會以潮汐般的規律往上游方向回堵數百公里。連它那些來自北邊或南邊的主要支流——前者最重要的是內格羅河（Rio Negro），後者則是馬代拉河（Madeira）與托坎廷斯河（Tocantins）——在匯入亞馬遜河前，也都已經幾乎毫無坡降地奔流了無數里程。它在主要雨季的流量每秒可超過三十萬立方公尺，這樣幾乎讓人無法想像的巨大水量，無可避免地必然會暴漲並堵塞。而那些離河道不遠的森林，也因此會大範圍遭洪水泛濫，連續好幾星期，有時候甚至長達數月。於是一個水陸兩棲的世界形成了，魚穿梭在這個原始森林的樹冠層中，水生植物則聚集成漂浮的大島順流而下，在某些河岸地帶水位可以上升十到十五公尺。此時有一大部分生命的活動舞台，是在水中或在高高的樹冠上，而毀滅式的大雨不斷傾盆而下，還可能連下數日不休。

這裡的河水氾濫會波及廣闊的周邊地區，在某些地方甚至寬達上百公里看不到河岸，因為樹冠已完全沒入水中。而並非所有亞馬遜雨林的樹種，都能忍受這麼長的氾濫期，因此比起那些

Megaloprepus caerulatus
Japurá
Rio Negro
Içá
Javary
Amazonas
Juruá
Purus
Madeira
Tapajós
Trombetas
Xingu
Tocantins

亞馬遜流域——森林與水

洪水淹不到的地方，也就是巴西人眼中真正的「陸地」，生長在近河地帶的樹種一直明顯較少。不過即使沒有氾濫，從天而降的驚人雨量，還是會為那些「陸地」帶來過多的水。但它至少有穩固的土壤，生長在這裡的樹木與生長在近河氾濫區者，有著迥異的繁殖策略。在近河氾濫區的水裡，不僅有等著要埋伏獵物的凱門鱷（Kaiman），還有在靜候著等待果實噗通一聲掉進水裡的魚，牠們會急忙蜂湧而上，就像人、畜見之色變的食人魚撲向（受傷的）獵物那樣，會在最短時間內把目標物吃光抹淨只剩骷髏。食人魚因為前端齒列是由鋒利如刀的三角尖齒所組成，所以能像鋸子一樣切鋸，牠也因此得到一個有點矬的德文名字：鋸脂鯉（Sägesalmler）。Säge 即鋸子，而 Salmler 則表明牠屬於脂鯉科這種魚。或許在某些冒險故事裡這種魚確實被描寫得太誇大，不過這改變不了一個事實：當牠們非常飢餓時，牠們在亞馬遜水域裡的危險性要遠比凱門鱷和巨蟒高。任何曾釣過這種魚的人，都不會忘記牠所發出的那種嘎吱嘎吱聲，那是牠用牙齒在狂咬固定魚鉤的鋼絲前導線。

從人類的角度來看，相對溫和無害的是亞河豚科的淡水豚，因為牠只獵食魚類，並不會攻擊人。當牠們成群圍繞在你的小船或獨木舟邊嬉戲時，還會發出平和悅耳的聲響。然而水中世界的生存競賽，還是繼續在進行。起初是在水位開始上漲時，因為有些物種所仰賴的食物來源，在水中變得更分散更稀少了。像凱門鱷就首當其衝，還好牠經得起長時間挨餓，相較之下屬於哺乳類的巨獺，也就是亞馬遜河裡以魚為主食的大型水獺，則幾乎每天都得進食。淡水河龜也很擅長耐心等候，而且能捱到洪水退去，牠可以產卵的河岸重新出露。爬蟲類此時的優勢，來自牠比哺乳類動物要低許多的新陳代謝率。牠每天所需要的食物，只有體重相當的哺乳類動物的五分之一到十分之一。

為數不多且原生於亞馬遜雨林的大型哺乳類動物，都以一種明顯較低的基礎代謝率著稱。對體型只差不多與野豬相當，但卻是亞馬遜體重最大的哺乳類動物貘來說，這種新陳代謝強度降低的比例還不算太大；但生活在樹冠層、凡事都「慢慢來」的樹懶，基礎代謝率卻大約只有與牠體型相當的一般哺乳類的一半。然而牠其實並不「懶」，凡事慢慢來對牠是生活之必需。樹懶以及會把長鼻子伸出水面的貘，都擅長且能持久游水；而那些住在樹冠層的猿猴，反之則會盡其所能地避免下水，落入水中對多數不具游泳能力的猿猴來說意謂著雙重致命，因為牠們根本抵禦不了那裡面的肉食性魚類與鱷魚。

有些事在這個奇怪的水世界裡，或許不足為奇：例如這裡最常見的一種螞蟻切葉蟻，是以培養真菌為生，而一些大型蝴蝶，像全身閃耀著一種夢幻天空藍的大藍閃蝶，壽命可以長達數週或甚至數個月。在悶溼的熱帶亞馬遜，牠們的生命進行得比我們初夏森林裡的蝴蝶慢。至於鳥類則受惠於牠們的飛行能力，羽色繽紛的巨嘴鳥拜自己敏銳的色覺之賜，總能找到有果實的樹木。在亞馬遜的水陸兩棲世界裡，鳥類與魚類一樣都多達數百種。

能觀察到。地中海地區物種的多樣性，遠勝過面積要大得多的大西洋與中歐氣候區。這裡的陸地嚴重破碎成島嶼、半島、山塊與谷地，而這有益物種多樣化，也就是物種的形成。地理空間上的阻隔性，通常是新物種形成的最重要前提。當一物種的部分群體因地理障礙，被程度不一地嚴重隔離在此物種的主要分布區之外，這種隔絕性就為新物種的形成鋪了路。構成地理障礙的可以是山脈、（局部）海域或生存條件迥異的平原。這個部分種群與母種群之間會逐漸產生差異，而其差異終究會大到使牠們無法「了解」彼此，也沒辦法再進行交配，於是一個因地理隔絕性而形成的新物種出現了。在人類的世界裡，這種情況下會（迅速）形成的可能是新的方言或語言。

再回到生態棲位。假如因為地理上的隔絕，新物種或只具某些明顯差異的亞種形成了，接下來的發展有兩種可能性。首先，如果地理空間與生活條件上的限制不變，原物種與新物種維持無法接觸的分隔狀態，那兩者會各據一方相鄰共存。另一種可能性，則是如果這兩者再度相遇。類似情況在東南亞島群就出現過，當新的冰期來臨使海平面大幅下降，許多島嶼於是再度合為一體。在亞馬遜地區，這種情況則發生在冰期結束後，此時所有的森林再度擴張，連成一座巨大的熱帶森林區。於是先前在森林島上演化而成的物種，又得以相遇。而牠／它們是會認出彼此，或將對方視為「非我族類」？兩種情況都有，但許多物種的反應，卻跟我們所預料的不同。牠／它們保持馬賽克鑲嵌的分布方式，有著彼此相鄰但不重疊的領域。不像我們的山雀與燕雀，啄木鳥或鳩鴿，老鼠或蝙蝠，是在相同的生活空間，但各有不同的專屬棲位；牠們的棲位條件雖明顯大致相同，卻彼此分隔。這意謂著不管是巨嘴鳥、鸚鵡、猿猴、蝴蝶或其他昆蟲，其眾多姊妹種之間彼此都沒辦法共處，也就是生態學上所謂的無法相容。

因此正如東南亞的島群世界，亞馬遜與剛果盆地也具有不同物種呈現島嶼狀分布的特徵。經常只要一條較具規模的河流，便足以成為界線，劃開兩個彼此非常相似但卻各自生活的物種。最具特色的例子，或許是剛果河區隔開了倭黑猩猩（Bonobo-Schimpansen）與「真正的」黑猩猩。倭黑猩猩只分布於剛果河南岸，普通黑猩猩則分布於北岸與東岸。任何在生態上比較達成平衡的地方，都會顯示馬賽克狀分布模式，就是熱帶多樣物種分布的典型。而那其中反映著歷史：過去幾千幾萬年，或甚至更久遠前的更新世——也就是過去兩百五十萬年冰河活躍時代的氣候史。

類似法則很可能也適用於植物界，尤其對樹木而言。熱帶樹種極為豐富，但其中只有一小部分是分布在符合其本身典型生長條件的地區。因此熱帶雨林所潛藏的活力，事實上遠超乎我們所預期，拜位居熱帶之賜，它能在過去冰河時期翻天覆地的變動中大致倖存，因此也為這裡「古老的」動、植物提供了庇護。這類「原始物種」確實存在，因為穩定不變也是熱帶雨林的特徵。而就是這種變動與穩定的內在糾葛，使了解熱帶世界變得如此困難。

五、稀罕的美洲虎、常見的甲蟲及絕種的地懶

一直到二十世紀末期，都還有探險隊伍、錄製影片小組以及旅遊作家在剛果雨林裡，尋找一種充滿神祕感的動物——牠被匹美人稱為 *Mokélé-mbembé*，且「應該」是一種恐龍。據說人們是在原始森林深處，一座叫 *Telé* 的圓形湖邊看到牠；這座湖極可能是隕石撞擊而成，就位在一片廣袤且難以進入的沼澤區中。不過人們要找到 *Mokélé* 的希望，應該與另一種存活可能性或許還更高的動物，即在亞馬遜被稱為 *Mapinguari* 的地懶同樣渺茫。

恐龍在六千六百萬年前，已因一顆小行星撞擊地球而滅絕，在牠們種類繁多且成功繁衍數億年的龐大家族中，至今只有一支後來以鳥的形式存活了下來。與大約一百年前才在中非廣袤的森林裡被發現的森林「長頸鹿」獾㹢狓和剛果孔雀不同，要在這裡找到倖存的恐龍根本完全不可能。至於亞馬遜的龐然巨物地懶，則是大約在末次冰期結束時才滅絕，而許多證據都顯示，此時遷徙至南美洲的人類，是牠們滅絕的主要原因。這些歐洲—北亞族群的後代，經由北美向南美擴散，最後在數千年前也來到亞馬遜地區。其實這片廣大雨林裡這些人到不了的地方，理應完全可能還倖存著最後一批這種奇怪的動物，然而人們在亞馬遜地區除了找到化石遺骨，並無任何與此類似的生物。

無論如何，今天地懶還有樹懶這支近親生活在地表。牠與犰狳和食蟻獸這兩群極不尋常的

動物，共同代表了所謂新熱帶界[3]哺乳類動物的特色；中南美洲在這個自成一格的區域裡，具有像澳洲那樣的獨特動物分布型態。因此這兩個區域在動物地理區上都被標記為「界」，南美洲區是「新陸界」（Neogäa），澳洲則是「南陸界」（Notogäa），對等於面積要遠大得多的第三界，也就是「北陸界」（Arctogäa）。

這種劃分顯示出各動物界的物種組成確實存在極大的差異，而它無法僅從生態面——也就是各大陸的自然環境——來解釋。這其實更關係到陸塊的歷史，它們是大約在一億年前的中生代開始解體且彼此分離。而島嶼式大陸的長久隔絕性，讓澳洲及南美洲在物種的演變上完全獨樹一幟。這點在植物界相對沒那麼顯著，特別是北美洲，其動、植相與歐亞大陸都有很高的一致性。連非洲都因為和北大陸局部連接，與歐亞大陸的共同性要大過曾經是一體的南美洲。南美陸塊甚至幾乎可以與非洲大陸西側無縫接合，而亞馬遜河也以另一種方式，見證這場亙古洪荒時代的連結——它原本由非洲向西流，而且在今天厄瓜多的瓜亞基爾（Guayaquil）附近注入太平洋。不過與非洲大陸分離已是遙遠過去的事，澳洲和南極其實還更早從非洲這塊南方大陸及印度的母陸塊分裂出來，這也是為何澳洲的動、植物相，還比南美洲更自成一格。

還有另一個重大事件影響了南美洲——尤其是對亞馬遜地區——的生物多樣性。大約在兩

3. 譯注：組成地球陸地表面的八個生物地理分布區之一，它包括熱帶美洲大陸的熱帶陸地生態區與南美洲全部的溫帶區。

百五十萬年前，火山活動與小型大陸斷塊（或稱地體）的位移，使中美洲與南美洲之間出現了陸橋。經由這道陸橋，美洲內部在大冰期之初進行了動物大交流。許多物種，特別是哺乳類動物，由北美洲遷移到南美洲，但由南美反向遷移至北美者，卻相對寥寥可數。結果是南美洲的哺乳類動物因此特別多樣，北美洲的動物卻幾乎沒有任何改變。

至於因人類積極介入而發生在近代澳洲的事，也說明了某些現象。那些被人從歐亞大陸或非洲引進的動物，證明了自己比澳洲本土動物更具有競爭力。許多本土物種在外來動物的排擠下滅絕了。這些原有的物種享有地理隔絕的保護已久，根本不是那些新物種的對手。

不過你或許會問，這與熱帶雨林所面對的難題、與它的保存或破壞又有何關係？答案很簡單，但也很讓人擔憂：因為來自歐洲與印度的牛，正在吃掉亞馬遜與中美洲的雨林，而那裡從未有過在生態上與牛相當或可比擬的物種。反觀非洲與部分東南亞的雨林，則是某些大型動物的原鄉，牠們已完全適應雨林的生活——例如非洲有森林象，印度及東南亞則有與其不同種但同類型的印度象；至於牛族，在非洲有森林水牛，東南亞則有亞洲野牛及其他森林野牛，此外還有一些牛科家族裡體型較大的反芻動物。但是在熱帶南美的自然界裡，這類動物卻是陌生的，因為這裡根本從來就沒有。像地懶這種體型碩大、重量可達幾噸的素食者，這裡的自然環境完全應付得來；而地懶較嬌小的近親，也就是那端坐樹冠，像顆被颶風捲成的毛團，以慢得簡直惱人的動作咀嚼著葉子的樹懶，不僅完全不起眼，就牠所消耗的植物量而言，更無足輕重。

食蟻獸則在過去冰期反覆交替的兩百萬年間，一直保有牠原始的樣子，幾乎沒有任何新發展。牠對食物的專一程度高得非比尋常，就是熱帶森林裡數量遠大於其他動物的白蟻與螞蟻。在非洲與東南亞地區，土豚及穿山甲則取代了食蟻獸的生態角色，牠們說明了一種特定且極其充裕的動物性食物來源，可以如何被親緣關係全然不同的動物加以利用。這種現象被稱為趨同演化（Konvergenz），因為在分類上不同的親緣譜系，似乎有趨向一致的現象。類似的例子，還有熱帶美洲的行軍蟻與非洲的烈蟻，或非洲的侏儒河馬與南美的水豚等等。水豚並不是豬，而是體型最大的齧齒動物，但其生活方式卻類似非洲的侏儒河馬。鴿子和鸚鵡這兩科由來已久的鳥，幾乎不管在哪裡的熱帶森林，都非常多樣且為數可觀；反之，蜂鳥卻只可見於美洲。

在熱帶非洲與東南亞地區，蜂鳥「流連花叢」的生態角色，是由羽色同樣繽紛耀眼的太陽鳥（Naktarvögel）來接收。然而太陽鳥是雀形亞目的鳴禽，牠與麻雀及烏鶇的關係，其實還遠比跟雨燕目大家族下的蜂鳥近。蜂鳥已特化為以花蜜為能量來源，並從小型昆蟲中取得蛋白質，此外牠微型化的鳥身也幾乎像昆蟲般輕巧，在我們眼中是適應熱帶雨林生活的典範。

在熱帶森林的昆蟲世界裡，特別重要的生存法則不是偽裝就是警告。這裡許多昆蟲為避開天敵所進行的偽裝，使牠不管對人類或對想吃掉牠的鳥類而言，都同樣隱密難見；然而也有這樣的運作方式，牠以招搖的大紅大黃色或最醒目的圖案讓你看見，並讓你在第一眼就明白這傢伙絕對有問題。那些警示色與圖案，是在表明自己身上有毒，只是那當然也並非全部是真的，因為也有許多模仿者會以牠們為範本，把自己偽裝成不宜食用的模樣。

綜合以上所述，這意謂著熱帶雨林裡有著很高的捕食壓力。只有那些特別擅長偽裝、同時保持稀少的物種，能通過考驗並生存下來。不過假裝有毒的模仿者，也就是具擬態的昆蟲，數量不能太多，否則那些總是很專注在搜尋獵物的鳥眼，也會學會如何分辨真正的有毒者與冒牌貨。由於食物來源有限且不易尋獲，這裡的鳥類也一直很少。而牠們之所以能維持多樣物種相鄰而居或共同生活，是因為繁殖力太低數量太少，根本無力逐出那些生態棲位與牠們幾乎相同的競爭者。

這種稀少性效應會隨食物鏈增強。亞馬遜雨林的美洲虎極為稀少，但非洲與東南亞雨林裡的豹，以及蘇門答臘島——它在末次冰期時仍與亞洲大陸相連——雨林裡的老虎，也都非常稀少。物種在食物鏈上的位階愈高，數量就會像階梯瀑布下降一樣愈稀少，因此位居食物鏈最頂端者，通常已所剩無幾。亞馬遜雨林裡體型較大的動物，多半只出現在它鄰接莽原及山區的邊緣地帶，還有白水河[4]兩岸。相較之下，中非與東南亞雨林的動物就沒那麼稀少，因為那裡有另一種生態效應，在大範圍地發揮作用。熱帶美洲最能說明這種效應者，就屬前面特別強調過的哥斯大黎加，即使這個國家是如此的小，但那裡的生物多樣性遠勝過亞馬遜地區，而這一切都要歸因於火山。我們之後還會更仔細觀察並比較全球至今如何利用熱帶雨林，在那當中我們會看到，森林土壤是否富含礦物成分，強烈影響著一地動物之多寡。

有些大型鸚鵡，尤其是金剛鸚鵡，或甚至像美洲虎這樣的哺乳類動物，會聚集到陡峭的河岸吃土，而這也使得那些地方聲名大噪。它們在秘魯被稱為 Colpa，是自然生態旅遊的熱門景點，因為一大群鸚鵡從遠處飛來，並掛在黏土陸壁上啃咬的畫面太奇異，有時候牠們看起來簡直就像被集體黏在上面。而這種吃土的行為，毫無疑問說明了牠們缺乏礦物質；已知人類的嬰幼兒在罹患礦物質缺乏症時，也有試圖咬食牆上灰泥的現象。

任何地方只要有火山作用帶來富含礦物質的土壤，並因其偶爾的噴發再得到添加，確實就更生機勃勃、肥沃多產。而這也能夠使動物數量增多。具原始形態動物的高度特殊化與存活與否，都與熱帶雨林這種普遍缺乏礦物質的現象有關。多樣化是貧乏的生存條件下，生命所找到的出路，在環境的逼迫下，牠們做出了無數特有的適應與調整。而這使雨林的動物、還有尤其是植物，對人類變得非常重要，因為牠／它們反映出解決特殊生命問題的辦法。

亞馬遜雨林的植物，於是發展出多式各樣的成分，以對抗毛毛蟲、甲蟲及其它昆蟲，並保護自己免受真菌與細菌攻擊。而印地安人早已認識，並懂得使用其中一部分來作成毒藥或藥材。被稱為「樹的眼淚」（Kauschuk，印地安語）的天然橡膠這種自然產物，並不是亞馬遜的橡膠樹生產來讓人做汽車輪胎的；分泌樹液的目的，是要黏住那些想攻擊樹木的昆蟲的口器。金雞納樹同樣是原生於亞馬遜地區的樹種，其所含有的奎寧可治療瘧疾，但它本來就是抵抗動物啃食的防禦物質。我們用可可來作為興奮劑，以多種其它熱帶植物來止血、消炎或舒緩疼

---

4. 譯註：亞馬遜盆地的河流依水的性質可分三種類型。白水河富含泥沙礦物，顏色混濁淺黃。黑水河因富含有機酸性物質，水色暗棕，此外還有水色較清澈的清水河。

痛。熱帶雨林是全世界最大的藥房，然而我們卻還不認識那其中絕大部分產品的藥效。熱帶物種特別豐富的基礎之一，是它複雜無比的化學成分，而這些有效物質驚人的多樣，無可避免地促成了特異化。一地若生存條件優渥，就沒有特異化的必要；但在任何損失都得錙銖計較的地方，就得採取防護措施。成為生存專家是必然的結果。

我們是一直到開始研究原始森林樹冠層的物種多樣化，才逐漸理解這種現象在熱帶雨林有多麼極端——在一棵樹上就可以有數百種甲蟲，其中許多甚至又跟隔壁樹上發現的甲蟲不同。根據初步推估，全世界的甲蟲可能高達不可思議的兩千萬～五千萬種之多！而其中占最多數者，就是高度特異化的雨林種類。這個數字是一直到一九八〇年代前，專家所推測的地表所有物種的十倍。只不過目前已知、已命名且具科學記述的物種，事實上還不到兩百萬，我們未知的還如此之多，而這也影響到推估值的可信度。比起自己身邊的萬千生命，人類對天上繁星的認識可能還更加精準。雖然在此同時，科學家認為現存物種已明顯減少，但推估其總數還是至少有五百萬～一千萬，也就是已知物種的數倍之多。現代分子遺傳鑑定法其實可以對此提供更精確的認識，只要資金備齊，在這些熱帶國家的研究也得到允許——這類生物多樣性研究，常被質疑是否隱藏其它意圖，也就是生物海盜行為；畢竟這些「小東西」身上具有什麼可能的醫學或農業用途，沒有人能用肉眼看得到。

觀光客帶不走莽原上的大型動物，牠們提供的更多是展示效果。然而（帶得走的）小型動物或植物身上，卻可能潛藏著從外表無法辨識的用途。因此不斷強調物種多樣性在醫學上的意義，不僅無益於熱帶研究，更多的反而是阻礙。反正如果開發出新的強效藥，會大撈一筆的總是歐洲和北美的製藥公司，那些在熱帶提供藥材的國家，根本分不到一杯羹。這也是為什麼今天他們會嚴格限制有關熱帶的研究，而這對保護熱帶雨林絕非善事。炒短線式的利用與可以靠砍伐熱帶原木及發展栽培業快速獲利的誘惑，本來就是將其視為永續資源來利用的巨大障礙這點，在熱帶地區跟歐洲這裡並沒什麼兩樣。就像好幾十年來我們一直都知道，工業化且高度仰賴補貼的農業型態完全非永續，它嚴重危害了自然生態與環境；然而追求利益的慾望，毫不費力地戰勝了理智，少數人的利益輾壓了整個社會絕大多數人的利益，因此我們根本沒資格指責巴西或印尼。不過在探討雨林遭受破壞與其原因及後果前，我們還是有必要進一步探討這裡動物的其它特點，以及三大熱帶雨林區差異極大的環境條件。

六、雨林裡的巨人與侏儒

熱帶雨林的動物，對人向來都有種特殊的吸引力，不管對住在這裡面的人，或對即使認為這片神祕叢林極度危險卻仍大膽深入的研究者來說。然而自古相傳，那裡面不只住了有超人般蠻力、「像人」一樣的生物，還有侏儒以及肯定也有的（惡）鬼。而歐洲人一直到最後才敢進入的非洲雨林，更總是特別牽扯著各種怪譚與傳說，因為在白人的想像世界中，僅僅是那裡的黑人就已經夠危險。大約兩千多年前，腓尼基人就在這裡有過探險行動，據說他們以船繞行非洲，之後更將有關妖怪的傳說，帶到當時自認是文明世界的地中海地區。據說那裡妖怪半人半猿，且力大無窮。當歐洲探險家在近代早期開始研究黑暗大陸時，人們認為過去所謂的妖怪指的應該是大猩猩，也說不定「只是」黑猩猩，畢竟毫無節制地誇大尺寸與強度是人之常情。或許真是如此，因為體型大小與力氣都遠勝其它人猿的大猩猩，確實就住在赤道非洲的熱帶森林裡。然而生活在這裡的不僅有大猩猩，還有我們人類當中體型最小的匹美人。

你在亞馬遜和東南亞都有機會遇見體型巨大的蛇，分別是森蚺與網紋蟒；在熱帶東南亞與非洲的河水裡，則潛藏著最大且最危險的「蜥蜴」，即灣鱷（Salzwasserkrokodil）與尼羅鱷；而全世界最大的淡水魚巨骨舌魚（Arapaíma），也是以亞馬遜河水系為棲息地。此外還有像非洲巨蛙、巨人蜈蚣、赫克力士長戟大兜蟲或巨型蜘蛛等等，僅僅從名字，就知道牠們的尺寸必

大西洋森林——巴西的海岸雨林

在距離亞馬遜盆地很遠的地方，還有一座面積廣大的雨林，它沿著巴西東南部的海岸山脈分布，南北綿延超過一千公里。信風為這片被稱作「Mata Atlantica」的南大西洋岸熱帶森林帶來極高的雨量，它以所謂的「地形雨」形式降下，而一旦氣流翻過這裡海岸山脈陡升的障礙，便會順著背風側下沉至內陸並增溫。在這過程中它的空氣濕度會降低，如同有強烈焚風盛行之處。

因此在這列大致由圓錐形山峰組成的山脈背後，直線距離不到幾公里處，植被景觀就開始變成了草原。巴西人稱它為 Campo cerrado，意思是「難以進入的荒野」（相較於彭巴草原）。比巴西首都巴西利亞所在的塞拉多（Cerrado）區更乾燥的地區，則是往赤道方向的東北部。這個位在海岸山脈與亞馬遜河南岸支流之間的廣大區域，已經開始出現幾乎像沙漠的特徵；它是巴西的乾旱區塞爾唐（Sertão），那裡的灌木林有許多樹木都長著非常抗曬的淺色樹皮，被印地安人稱為 Caatinga，即「白色木頭」之意。因此在亞馬遜雨林與大西洋森林之間，分布著一片面積廣闊、雨林動物根本無法跨越的區域。於是長久以來位置一直很孤立的巴西海岸山脈雨林，發展出了許多獨特的物種。

而金獅面狨（*Leontopithecus rosalia*）或許是其中最具特色、同時處境也最瀕危的物種，因為這片雨林已大部分遭砍伐並破壞，其兩百年前所分布的範圍裡，有百分之八十已消失無蹤。所以，還有許多物種跟這種奇妙的小猴子一樣，都有滅絕的危險。這片森林有著多到絕對尚未全部

大西洋森林——巴西的海岸雨林

Laelia lucasiana
Diaethria clymena
Leontopithecus rosalia
AURAUCARIA
ANGUSTIFOLIA

被認識的蘭花種類，而花色粉嫩的岩生蕾麗雅蘭（*Laelia lucasiana*）在這裡還算相當典型。如前頁圖左上角所示，有無數的蘭花就生長在裸露的岩石上，那是構成巴西海岸山脈主體的花崗岩，位在里約熱內盧灣口旁那座著名的糖麵包山，就是拜這種岩石之賜，才有如此獨特的形狀。這種花崗岩在風化後常呈現圓形，上面本來就沒有多少堆積物質可供植物的根生長或附著；即使生成了淺薄的土壤層，也會隨著森林被破壞而流失。於是很快地，坡地會失去能保護它的植被，還有土壤與生產力。

能從這樣的沖蝕與水土流失作用中受益的，是谷地與山前的海岸平原，這些地方也因此聚集了巴西的大部分人口，往內陸的方向人口密度則驟減。巴西始終主要是個海岸國家，其人民的生活方式也大多與此有關，即使從文化角度來看，它的內陸也是既廣袤又遙遠。就像過去的美國一樣，內陸地帶被認為是還有待征服與教化的「西部」，而這種情況也反映在人看待自然的態度上。在人口密集的海岸地帶，人們對倖存的大西洋雨林的保護，要運作得遠比廣大遙遠的亞馬遜雨林保護區好。在巴西南部，一般人對僅剩的海岸雨林與其獨特的動、植物物種的價值，也完全深具意識。由民間人士發起的保育行動，在那裡更已經有五十年以上的歷史；他們買下整座山，並將其宣告為保護區。

不過這裡雖仍然濕潤但已屬熱帶邊緣的氣候環境，本身也有益保育工作的進行。那些倖存的金獅面狨得以被成功拯救，此外還有吼猴與其他種猿猴、南美浣熊、食蟻獸，以及種類特別繁多的鳥類與鱗翅目的蝶、蛾。鱗翅目中最常見者便是渦蛺蝶（*Diaethia clymena*），牠大小約略與灰蝶科蝶類相當，因後翅翅底有著與眾不同的88圖案，也被巴西人稱為八八蝶。只要有森林、灌木叢與小水窪之處，就幾乎一定能遇見牠；為了從濕泥裡吸吮礦物成分，這種蝶甚至會以數十或數百隻的規模聚集成群。

大西洋森林區裡也始終有許多蜂鳥，不過牠們大部分會在冬天離開這些山地雨林，因為此時常有濕涼或甚至冷得叫人發顫的氣團來襲，況且山林裡的花期也已經結束。這些蜂鳥會就近遷徙到附近山前地的城鎮，在那裡的花園牠們能找到更多蜜源。不過還是有一些蜂鳥會待在海拔約八百～一千公尺的高地上，並且似乎以那裡的某種「升降梯活動」為樂，牠們會不斷反覆地在樹幹上飛上飛下，而且喙部尖端同時幾乎碰觸著樹幹。我們很快就明白牠們為何要這樣做。在那些樹皮上突出了許多細如毛髮的小蠟管，而且它們的頂端每隔一段時間就會出現透明滴狀物，一種甜滋滋的滴狀物！這些樹上有介殼蟲，不過因為是藏在薄薄的樹皮裡，所以外表完全看不出來。介殼蟲會吸食樹液，過剩的部分則是經由這些小蠟管排出。

而蜂鳥會來舔食這些滴狀樹液，就像歐洲這裡有些蜜蜂會到森林裡採集蚜蟲排出的樹液一樣，不過如此生成的森林蜂蜜，會有種獨特的味道。南美的木本含羞草介殼蟲（Bracaatinga-Schildläuse）是依牠所寄生的樹而得名，而蜂鳥就是利用牠排出的蜜露裡的糖分，來供給自己飛行與身體保暖所需的能量，那些牠所排泄出來的東西，簡單說就是牠體內過剩的水。蜂鳥與介殼蟲，都是大西洋海岸森林裡的自然奇觀。

至於總是在白天乘著順山勢而生的上升氣流翱翔於天際的，是體型碩大、一身羽色深暗但頭部是紫紅色的紅頭美洲鷲（Truthahngeier）。在這個雨林區南端的邊緣，也開始逐漸有巴西松[5]（*Araucaria brasiliensis*）混生，一種從遠處看會讓人想到義大利石松的樹。其特色是多刺且呈鱗片狀的針葉，毬果也類似石松，儘管它與松樹其實並無近親關係。巴西松的木材非常具有經濟價值，這也是它數量急劇減少的原因。幾百年前這裡還有真正的森林，是熱帶邊緣的雨林轉變為非熱帶森林，並最終進入彭巴草原的過渡地帶。

5. 譯註：為南洋杉科植物，又名巴西南洋杉、南美南洋杉，儘管名為「松」，其實並不是松樹。

定非比尋常。那些喜愛大自然、來到熱帶雨林的訪客，都期待看到各種閃耀著美麗光澤的大蝴蝶與五彩繽紛的鳥類，然而他們也得做好心理準備，可能會跟最不想遇到或甚至會引發疫疾的危險小東西打照面。所以是雨林有特別多這類經常以極端型態存在的物種嗎？還是整個動物界都看得到這些原則？

早在十八世紀科學家開始記錄動物物種時，便已致力於探究這個問題。而這種探索至今尚未終結，即使熱帶雨林裡幾乎肯定不可能再發現更大的動物。種類特別繁多的現象，主要出現在小型動物身上——特別是甲蟲，雖然其它類別的昆蟲之多樣也不惶多讓。這些體長不過幾公釐的迷你動物，最不被熟悉但卻最明顯多樣。動物學界對熱帶物種的豐富度，始終無法定出一個尚可參考的數量等級，原因就出在那成千上萬種未知的甲蟲。有辦法深入探究這些小傢伙的世界的專家太少了，而跟沙粒一般大的甲蟲，對昆蟲學家來說也不特別具有吸引力。再加上許多有關昆蟲的存在、分布與數量的基本知識，都是業餘愛好者從自己蒐集的樣本中研究得來；自然科學博物館裡的收藏品，來自私人收藏者也總是占最大比例。然而這些人目前卻礙於物種保護法規無法發揮作用，這是自然保育政策的失誤，因為弄錯了施力點，當然也白費力氣毫無成效。

回到尺寸的問題。拜昆蟲蒐集者之賜，我們知道熱帶森林裡不只有許多非常迷你的昆蟲，也有不少特別巨大者。而這些當然也總是人熱衷搜尋且

珍視的：例如和營養良好的老鼠一樣胖的甲蟲，翅膀展開跟蝙蝠一樣大的蝴蝶，或看起來簡直就像活動樹枝的竹節蟲。所以典型的熱帶昆蟲世界，就是由這些「巨無霸」與許多小型到微型物種共同組成的嗎？而熱帶以外的地區除了物種數漸減，極大與極小物種也會消失，只剩中型物種嗎？如果觀察蛙類、蜥蜴與蛇類的情況，就很容易做出這樣的解釋。而熱帶森林河湖裡的魚類也是如此。那些森林裡除了有許多體型非常迷你的物種，例如幾乎沒有我們指甲大的青蛙，游在水箱裡有如一小道閃光的魚，或根本威脅不了大蒼蠅的小壁虎；也有不少大到令人難忘或甚至害怕的大個子，像巨大的蟒蛇，有能力危及人類的巨蜥，或被冠上巨人歌利亞之名的霸王蛙（Goliathfrosch）。

不過我們從熱帶地區以外的動物世界，已經知道大部分物種其實都有著大致符合正常比例的尺寸。這也是為什麼我們能得出這樣的結論：比起溫帶或寒帶氣候區，熱帶森林容許生命有更大的施展空間。如果這是唯一能解釋動物體型大小現象的理由，那目前正在醞釀中的氣候暖化，對物種多樣性必然有正面效應，而不會製造威脅。對許多需要溫暖氣候的物種而言，這樣的推論當然完全正確。但體型大小與多樣與否，並非只取決於氣溫，甚至也不只取決於氣候條件，這點可以從與我們特別親近的哺乳類與鳥類動物身上看出端倪。

在亞馬遜雨林這片地表面積最大的熱帶森林裡，哺乳類動物頂多中等大小，鳥類甚至連中等都談不上。那裡最大的哺乳類動物是南美貘，外型非常原始，是馬的一種遠親，但身體份量與豬相近。住在樹冠層上的絨毛猴與吼猴，以其明顯不到十公斤的體重，根本一點都嚇唬不了人。至於在亞馬遜的鳥類世界裡，大型金剛鸚鵡和幾種雞就算是最大物種，只有少數猛禽，像強壯的角鵰（Harpyie），能夠超越牠們。

非洲與東南亞雨林裡的鳥相情況雖類似，但還是有幾點頗具啟發性的差異。例如在新幾內亞島的森林裡，住著鶴鴕（Kasuar）這種活像遠古遺跡生物且強而有力的鳥。剛果雨林裡則有非洲森林象、森林水牛、可說是森林長頸鹿的獾㹢狓、大型森林野豬以及豹。東南亞雨林裡能與非洲這些大型動物相提並論者，則是林牛、犀牛、原本分布範圍遠大於今天的印度象，以及老虎與豹。在亞馬遜地區，美洲虎則是與亞、非洲的豹體型大小相當的獵手。

只看這些粗略說明的結果，很可能是更加困惑，而不是更了解熱帶雨林的動物相之所以如此構成的原則。不過當我們把人類也列入考量，有些隱而不現的事實就會豁然開朗。因為大型哺乳類動物在那些熱帶雨林裡的有無與多寡，其實完全反映了那裡在被歐洲國家殖民並產生根本性變化前，那些擁有不同文化與適應型態的雨林居民原本存在的狀態。

像大象或水牛這類大型哺乳類動物，不僅需要大量的食物，對食物的營養價值也有一定的要求。這點跟我們人類很像，因此牠們在土壤不利於或糟到無法進行農耕及園藝栽培的地方，也會找不到足量且夠營養的食物。簡而言之：一地若在自然狀態下原本就有許多哺乳類動物及鳥類，其環境條件必然也有利人類開發。反之則反。因為就新陳代謝而言，哺乳類動物與鳥類跟我們人類很像，都有很高的基礎代謝率；而且即使牠們每公斤體重所需的能量隨身體份量增加而遞減，都還是遠高於爬蟲類、蛙類或昆蟲這些低基礎代謝率動物。因此對牠們而言，體型愈大，就意味著時機很壞時的能量不足落差愈大。巨蟒與大型鱷魚可以長期挨餓，若以這些龐然大物所能耐受的時間為標準，等重的哺乳類動物會在遠比那短得多的時間內就餓死。因此體型大小在熱帶森林裡，就是一種對食物來源匱乏的適應方式。

亞馬遜地區的原住民主要以捕捉魚類及其它水產動物為生，哺乳類動物與鳥類則只是一種補充。他們的聚落因此也多沿河分布，而且明顯集中在與莽原之間的過渡區。至於在廣闊完整的森林裡，則依舊大多人煙稀少，也只有像美洲西貒這種豬形亞目的哺乳類動物，偶爾會三兩兩遊蕩其中。哺乳類動物的主要活動範圍是河岸地帶，另外也有些身形較小者是活躍在樹冠層。不過在南美洲的熱帶低地，卻有三類動物出現了較大的體型，牠們是這塊大陸特有的犰狳、食蟻獸與樹懶。

樹懶家族曾經有過體型非常巨大的成員，不過牠們在今天南美印地安人的祖先移入後，就跟巨型犰狳的親屬一樣滅絕了。這三群極度不尋常的哺乳類動物，都以一種低得不可思議的能量基礎代謝率著稱。「樹懶」的稱號已點出這個特質，意謂著牠們的身體，是以一種幾乎跟大型爬行動物一樣低的能量標準來運作。其實當你在這裡悶熱的氣候環境裡感到渾身無力、提不起勁時，應該要能體會這點，而不給當地人扣上「懶惰」的罪名。另一方面，我們也看到人類對不同氣候環境的適應力到底有多強。地表沒有任何其他陸生哺乳類動物能跟人類一樣，如此廣泛且多樣地幾乎遍布全世界；即使是老鼠，都沒辦法跟上人類的腳步無所不在。

七、為何蜂鳥如此之小，而天堂鳥如此之美

牠們是如此美麗，美得你根本難以用言語形容，牠們是鳥類世界的瑰寶。而且不僅如此，牠們還讓自己像珍奇的蘭花那樣稀罕——儘管蜂鳥的種類繁多，至少目前已知就有三百五十種；天堂鳥雖然大約只有四十種，多樣性卻也相當可觀，因為牠們全都只分布在新幾內亞與它附近的島嶼上。

蜂鳥則相對分布較廣，西半球的南、北美洲大陸上都有牠的身影，從阿拉斯加一直到火地島。不過絕大部分的蜂鳥種類，還是只分布在從中美地峽往南延伸到秘魯與巴西馬托格羅索州（Mato Grosso）的熱帶雨林裡。熱帶以外的地區無法全年提供蜜源，但這對蜂鳥非常重要，否則除非情況特殊，牠們會很難存活。蜂鳥非常耗費體力的停懸飛行方式，主要是以含糖花蜜為動力，這種定點拍翅的方式讓牠可以任意停留在空中某處，而且不僅可以向前、向上或向下飛，還能不用轉身便短距離倒退。

這讓人聯想到某些昆蟲，不同的是蜂鳥並非透過靈活擺動身體，來使翅膀產生高頻率拍打，而是以能高效運作的肌肉。說得誇張一點，蜂鳥根本全身都是飛行肌肉，這也是為什麼牠對能量的需求非常高；當牠在空中停懸時，平均每公克體重或每分鐘飛行所消耗掉的能量，是一隻「正常」小型鳥類飛行時所需要的十倍。除此之外，這種特殊飛行方式也相對需要大量的

氧氣與水分，後者是為冷卻執行出如此極端功效的肌肉組織。

蜂鳥不只在我們眼中是如此迷你，就鳥類而言，蜂鳥的個頭確實小不隆咚，牠看起來根本更像鱗翅目的天蛾。天蛾飛行的樣子確實與蜂鳥很像，而且也同樣得消耗許多能量；只不過牠在具快速飛行能力的蛾類裡體型最大，蜂鳥在鳥類中卻是最小的，牠甚至不到三公克重！即使是安地斯山脈繁花盛開的高地上那三種最大的蜂鳥，體長也不到二十公分，重量也只有二十公克左右，甚至還比不上麻雀。而牠們的蛋也同樣迷你，雌蜂鳥在那簡直像玩具一樣小巧的鳥巢裡，通常一次會下兩顆蛋。然而牠們的蛋也並非隨便多小都無所謂，它得孕育出一個發育完全的小生命，至少有辦法抬起頭並張開嘴，因此雌蜂鳥所下的蛋，重量通常約是牠體重的一半。也因此「為何如此的小」，自然是我們會想到的下一個問題。至於雄鳥，則是為何牠們得如此美麗？

有關「美麗」的問題，我們可以稍後跟天堂鳥一併探討。因為要讓自己擁有出眾的美麗，小巧玲瓏並非必要，許多其他動物已表明這點。蜂鳥的小個頭對牠自己也是個問題，尤其是對看起來經常要樸素得多的雌鳥來說。因為牠不僅必須孕育出卵，還得餵飽那些幾乎總是飢腸轆轆的雛鳥，直到牠們長大且具飛行能力。所以像蜂鳥這種小型生物，若想成功繁殖還得加上高效能的工作。這與飛行時跟牠很像的天蛾不同，鱗翅目昆蟲具有獨立的毛毛蟲階段，這些幼蟲以植物為生，並不需要母親餵養，然而蜂鳥的雛鳥孵化後是不能獨立的。從人類的角度來看，把牠們養大所需耗費的精力之龐大，完全難以想像。

其實只要稍加思索就會了解，蜂鳥如此耗費精力的生活方式，根本不允許出現能量短缺。只有食物經常無虞且能量容易獲得，才能這樣活著。而蜂鳥的能量來源是花蜜，那裡面的糖分是牠身體運作的燃料，所以蜂鳥幾乎是從不間斷地在尋找花蜜。在蜜源偶爾比較稀少的時期或區域，牠們會簡直像在守護稀世珍寶那樣為它而戰，連只是碰巧擋住一片花叢的人類，都可能慘遭攻擊。如果你不由自主地回擊，一顆迷你魚雷就會朝你的眼睛直射而來。而其它有意採蜜者，不管是比牠大的鳥或大多數的昆蟲，也都會被牠強力驅趕。不過蜂鳥所需要的「燃料」，還是經常會有短缺的危機。首先牠們得熬過熱帶地區相當長的十二個小時的黑夜，此外還有降雨不斷、即使是熱帶也陰涼或濕冷到讓人不舒服的雨季。為了應付這樣的外在環境，蜂鳥會大幅降低自己的體溫；牠會進入一種僵直狀態，也就是我們所說的蟄伏，然後只消耗少量能量。這個小傢伙會藉此將身體轉換為變溫狀態，以度過那些沒有花開的夜晚或冷天，畢竟此時牠缺乏蜜源。

雖然觀察能量收支，讓我們了解蜂鳥如何過如此「高成本」的生活，但牠為何非得這樣不可？為了能快速鼓動翅膀而不斷尋找花蜜，並無法解釋為何值得「活成一隻蜂鳥」，也說明不了牠為何有這麼多特有種。不過有個簡單明瞭的事實，或許有益於釐清這些問題：花蜜裡的糖分雖可提供像葡萄糖這樣的快速能量，也就是我們急需時會服用的，但是雌蜂鳥並無法利用它來製造卵，對此牠所需要的是蛋白質；而蜂鳥便是以牠懸停的絕技來捕捉小型或微型昆蟲，以獲得蛋白質補給。微型昆蟲除了構成空中浮游生物，也經常讓人幾乎無法察覺地附著在植被上，尤其是葉子背面。蜂鳥所追逐的就是這些微型昆蟲，那費力的懸停式飛行變成必要，因為牠得以絕對正確且精準的方式，才吃得到這些蟲子。蜂鳥那尖細的嘴喙不僅適合吸食花蜜，在捕食微小昆蟲時，也像把專門的鑷子。熱帶雨林內的這類微型昆蟲，尤其有個讓牠更具吸引力的屬性：牠們通常不含毒素。許多較大型昆蟲的體內，會儲存自己在毛毛蟲階段取食植物所得到的有毒物質，而椿象這類昆蟲則會自己製造毒素。依據經驗法則，身上不具毒素者，就得盡可能擅長偽裝，如此才能對抗牠們的天敵。所以蜂鳥以體型上演化變小且發展出懸停飛行的方式，解決了自己獵食微型昆蟲的問題；而花蜜不僅有糖分能提供牠獵食飛行時的能量，也滿足了牠對水的高度需求。

蜂鳥的例子，指出了一個能標記熱帶雨林特色的根本事實：不以毒素自我保護的生物體很少，因此食物是匱乏的。而這種匱乏，只有透過非常特別的適應方式才能克服，就像前述的懸停式飛行——它之所以可行，是因為太陽穩定供應給熱帶的巨大能量，轉換成了它的「燃料」。食物匱乏為熱帶雨林帶來的另一個事實，是分裂成許多分布範圍經常很狹小局限的物種。於是亞馬遜的蜂鳥種類之多，就等於了歐洲所有鳥種的總合。

物種的多樣化，在新幾內亞的天堂鳥身上還更加顯著。這裡有著很類似的原則：不同物種相鄰生活在狹隘的地理空間裡，彼此之間經常只有山脈分隔或像島嶼般散布。然而總共約有四十個物種的天堂鳥，生活習性與蜂鳥全然不同。牠們主要以果實為維生，體型大小一般，還大多有個特色：一身簡直太過浮誇而且就叢林環境而言漂亮得會致命的羽毛，在雄鳥身上！天堂鳥的雌鳥非常樸素低調，不管是羽色或行為舉止，都有很好的偽裝。雄鳥則天生就愛現，有些種類的天堂鳥甚至會進行一種展示性的求偶儀式，而幾乎所有雄鳥都是這一掛的。牠們就像朵會動的且長相奇異的花，在樹冠上懸掛著或跳上跳下，甚至還發出遠處都聽得見的響亮呼喊。天堂鳥與烏鴉有親屬關係，在此得到了證實。有關這個主題，之後我們還會提及。

雄天堂鳥華麗的外表，與雌鳥的擇偶行為有關。雄鳥並不參與孵育與餵養雛鳥的工作，這些全由雌鳥一手包辦。牠一身華麗的羽衣，就是要在求偶場上展現的，而這些場所雌鳥都知道，並且會在需要讓自己的卵受精時來訪，以挑出最漂亮最強健的雄鳥來交配。於是美麗成為了擇偶標準。它對雄鳥變成一種危險的負擔嗎？對此生物學家之間還存在歧見。許多人認為，是雌鳥選擇交配對象的標準，使「被選擇」的雄鳥美得這麼誇張。不過並沒有明確的研究結果，能證明外表過分華麗會對雄鳥造成不利，而且情況似乎更應該相反。即使披著一身美麗亮眼的羽毛，雄鳥還是有更好的存活機會，因為負責築巢、孵育及餵養雛鳥的雌鳥，所面對的危險不僅遠大得多，還不對等地承受了更大的體力負荷。這也是為什麼在天堂鳥的世界裡，雄鳥是多數，彼此的競爭也更激烈。

而蜂鳥在這方面也為我們提供了別的線索，因為以牠的迷你身型，不管是雌鳥或雄鳥，幾乎都不再有被捕食的危險。牠頂多是不小心被困在一張大蜘蛛網裡，而蜘蛛網當然「看不見」獵物美不美，也完全不挑剔。無論如何，有為數不少的雄蜂鳥，也同樣發展出漂亮得幾乎令人難以置信的羽毛——只不過是迷你縮小版。如果我們不以讚嘆欣賞、而是以理性客觀的態度

雨林中的島山

在巴西雨林北部毗鄰委內瑞拉的邊界區裡，有好幾座拔地而起的山塊，其高度之大，已使它們超越熱帶雨林氣候的海拔臨界值。它們被稱為特普伊（Tepuí）[6]，而且構成了被綠色雨林海洋環繞的島嶼。在這些島嶼上時間似乎停滯了，只有少數人膽敢踏上那幾乎永遠雲霧裊繞的高地，而那裡的一切，在他們眼中都是如此原始且古老。即使是住在這些島嶼周邊森林裡的印地安人，也很少涉足這裡，因為那通常很陡峭的山路極度危險，尤其是當暴雨毫無預警的傾盆而下。而這幾乎一年到頭都可能發生，即使東北信風為整個大區域帶來乾季，飽含雷雨胞的雲層還是有形成的可能。況且那上面也沒什麼東西可獵，亞馬遜雨林裡體型較大的哺乳類動物本來就很稀罕。在特普伊上很少有猿猴或美洲貘，但其食肉植物數量與種類之多，已清楚表明那上面維繫生命所必要的氮素，是何等貧乏。這些食肉植物是用自己從葉片轉化而成的陷阱，來捕捉被風颳到高地上的昆蟲。能夠在這些「島嶼」上長時間生存的動物，都有著需求特別低的生命形式，而且就像螞蟻那樣，都有能力打造出特別適合自己的生活環境。

這些島山是非常有趣的研究主題。那上面存在著幾乎從未受到人類活動影響的動、植物，處在一種類似遠古的原始狀態，其實連位在它山腳下的雨林，也一直以這種極少或幾乎感受不到任何人類影響的特徵著稱。即使從過去到現在，特普伊的四周都住著相當富庶、甚至人口也不少的印地安部族，其中最為人所熟知的應該就是雅諾瑪米（Yanomami）部族，他們的生活方式，至今仍維持著兼具游耕的狩獵與採集型態。他們雖然確實大量捕獵某些哺乳類動物與鳥類，但是在自己所開墾的小塊耕地地力衰退、木薯及棕櫚果產量減少之後，就會另尋他處開墾，並讓那塊地大致恢復到它原本的森林狀態。一旦農耕活動停止，森林很快就會重新回到那些印地安人所開墾的林間小空地。他們雖然捕獵鳥類，利用牠們色彩繽紛的羽毛，也吃牠們的肉，但對那些鳥類的生存與數量並沒有造成太大的威脅。對猿猴、小野豬（西貒）和南美貘而言，情況很可能也是如此。然而他們在我們眼中看起來有些殘暴的生活方式，尤其是如何對待婦女，或許說明了早在第一批傳教士與其他歐洲、北美人後裔闖進他們與世隔絕的世界前，這裡的生存條件已極度匱乏。

食蟻獸，特別是更引人注目的小食蟻獸（Tamanduá），以及各種中、小型猿猴，是這個亞馬遜邊緣地帶不能飛的哺乳類代表動物。不過這裡的森林更常見且物種更豐富的是蝙蝠。一如在亞馬遜中部，能夠飛行是動物最重要的適應能力之一。那些五顏六色的大型金剛鸚鵡能飛得很遠，牠們會邊飛邊粗聲粗氣地昭告天下，而且通常是成雙成對或一小群一起上路。還能疾飛得更遠的是我們從地面上看不到的雨燕，因為牠們飛在樹冠層之上。雨燕能飛到高空中捕獵昆蟲，這些昆蟲通常是在雷雨風暴的吸力下被捲離樹冠，然後被吹向高空。

活躍於白天的蝶、蛾類，身上不是有醒目的警示圖案，就是有絕佳的偽裝來騙過我們的眼

6. 譯註：通常為台地或高原。Tepui一詞在當地部分土著的母語中有「眾神之屋」之意。

Dendrobates leucomelas
Tamandua
JOHANN BRANDSTETTER 2019

雨林中的島山

Karibisches Meer
Atlantik
Caracas
Orinoco
Guyana
Suriname
Auyan Tepui
2953 m
Salto Angel
Kukenaa Tepui
Roraima 2810 m
Franz. Guyana
Lake Maracaibo
Peak Bolivar
Venezuela
Kolumbien
3014 m
Pico de Neblina
Brasilien
Heliamphora nutans
Sumpfkrug

睛。不過會借用夜色來掩護行動者，在種類與數量上更是多到不成比例，只是牠們得面對蝙蝠的追捕。即使亞馬遜雨林還有數量驚人、幾乎還沒被發現研究過的昆蟲種類，許多以昆蟲為主食的動物，還是一直有食物來源不足的困難。就數量而言，這裡最重要的昆蟲，還是小食蟻獸賴以維生的螞蟻與白蟻。箭毒蛙也必須應付自己昆蟲獵物匱乏的問題，牠們有些不把卵下在小水塘裡，而是下在附生樹上的鳳梨科植物葉心積水處，不過小蝌蚪在那裡雖然遠離天敵相當安全，但是如果沒有雌蛙定期回來產出的未受精卵，牠們就會餓死。也就是說，牠們是以吃自己「未出生的兄弟姊妹」來維生。還有什麼能比這點更血淋淋地展現出，生存在這片「樂園般的森林」裡事實上有多艱難？

來觀察牠們以及雄天堂鳥的美麗，並思考這是如何發生的，其實可以得到一個相當合理的解釋：雄鳥把養分與精力耗費來生成這身華麗的羽衣，就相當於雌鳥把能量投注在製造卵及孵育養育雛鳥上。因為羽毛是由蛋白質所構成，相對於雌鳥將體內的蛋白質用來孕育卵，雄鳥是把它用來長出漂亮的羽毛。事情是這樣運作，或許甚至必須這樣運作，因為雄鳥與雌鳥的身體新陳代謝機制，基本上並沒有不同。只是雄鳥因此得到長出一身漂亮羽毛的機會，而雌鳥則藉此判斷牠是否夠健康強壯；牠也把精力用來跳求偶舞及不間斷的鳴唱，這同樣需要耗費相當於雌鳥哺育雛鳥所需的能量。只有當雌鳥有能力單獨承擔育兒大事，也只有在熱帶這種孵育期不嚴格受限的環境，即不像熱帶以外的森林，這樣的畫分才可能存在。因此所謂的「熱帶特色」，其實透露出許多熱帶自然環境的普遍事實，而蜂鳥與天堂鳥的例子顯示了它有多麼脆弱。

至於天堂鳥的近親鴉科鳥類，則是以加強合作的方式，幾乎征服了全世界。性別分工與美貌升級並非牠們演化的重點，配偶間彼此密切支援的關係才是。以一身樸實且絕大多數為黑色的羽衣，再加上特別高的智力，除了南極冰原，鴉科家族幾乎遍布各大陸，成為全球最成功的鳥類。

八、各地的熱帶雨林

全球最大的雨林橫跨整個亞馬遜地區，並延伸至南美西北部的哥倫比亞太平洋岸及北邊的中美洲。面積次大者，則是遠在海洋另一端的剛果盆地，它從盆地北側延伸至喀麥隆境內的西非海岸，往東則直抵東非高地邊緣的維龍加山脈（Virungaberge）。這兩個區域一直到不算太久之前，雨林都還是大致完整連續的；也就是說，一隻美洲虎可以從猶加敦半島上的貝里斯遊蕩到亞馬遜，一隻非洲豹也可以從東邊的維龍加森林漫遊到西部喀麥隆山區，一路幾乎都不會離開熱帶雨林區。

然而蘇門答臘島上的老虎，早自數千年來，就已經沒辦法踏上東南亞半島或其他鄰近島嶼的土地。雖然對人類來說，要徒步走到這些地方也一樣不容易，但這裡很早就有人類居住，某些島嶼上的人口甚至還非常密集（如爪哇及峇里島）。不論是剛果或亞馬遜地區，都不曾顯示過有可與其比擬的高密度人口，因此這三大雨林區提供給人類的可能性，必定迥然有異。非洲雨林的平均人口密度，一直都比亞馬遜地區高出約十倍；至於東南亞的某些地區，甚至還是它的百倍以上。

例如根據二〇一二年的數據，僅僅是爪哇島人口就有一億四千一百萬，而它的面積約十三萬平分公里。相較之下，巴西亞馬遜州同年的人口數是三百八十萬，但其總面積卻高達一百五十多萬平分公里。也就是說，在每平方公里的土地上，在爪哇住了近一千一百人，在亞馬遜州則只有二．五人，幾乎只有前者的五百分之一。非洲的人口密度雖在兩者之間，但大致更接近亞馬遜的標準；像剛果共和國面積三十四萬平方公里，人口五百萬，也就是每平方公里約十五人。並未全境覆蓋有雨林的哥斯大黎加，人口密度則大約每平方公里一百人，雖遠高於亞馬遜地區，還是連爪哇的十分之一都不到。各地人口數值偏離得太遠，讓人無法將其視為僅僅是偶然的歷史變動所造成的結果。

而大自然會提供最好的解釋。印尼的人口密集區都有火山土分布，從西邊的蘇門答臘到東邊的新幾內亞，火山幾乎是一座又一座的連綿不斷。人類歷史上最劇烈的火山噴發，就發生在這裡。一八一五年，印尼松巴哇島上的坦博拉火山（Tambora）所噴發至大氣中的巨量火山灰，為北半球帶來了「無夏之年」。而下一座猛烈噴發的，則是一八八三年的喀拉喀托火山（Krakatau）。不過這只是印尼火山中最著名的兩座，每年都有其他火山會吐出大量的熔岩與灰燼，它們會產生肥沃的土壤，讓非常集約的農業利用方式可以維持幾百甚至幾千年。相較於爪哇、峇里與蘇門答臘大部分地區，只有島嶼東北部有京那巴魯（Kinabalu）這座高大山塊的婆羅洲，幾乎可算是人煙稀少。當然熱帶驚人的雨量，也讓爪哇、峇里及印尼其他農業帶的土壤遭到嚴重淋溶，但其土壤底層的火山作用物質稍後會加以補給，如同日後火山偶爾噴發的灰燼，也會為土壤提供新的礦物成分。

亞馬遜地區則完全沒有火山。南美洲的火山鏈主要分布於安地斯山脈西側，因此亞馬遜根本得不到它們所釋放出的礦物質。不過情況在中美地峽大不相同，那裡的火山群幾乎就位在雨林中央，是當地的脊樑山脈。也因此從農業條件來看，那些中美洲的小國要更像印尼而不像亞馬遜地區。

至於非洲所面對的情況又不同。在這個面積廣大的雨林盆地東側，矗立著維龍加火山群，遠在西部另一端的喀麥隆山，則是一座與世隔絕的老火山。剛果雨林的大部分地區地勢都很低平，而且與亞馬遜雨林很相似，像剛果河水系在地理及生態上都與亞馬遜河相當。因此這裡的雨林理應東部相對肥沃，剛果河與其主要支流沿岸一般肥沃，其他廣大的沼地森林則相對貧瘠。情況確實是如此，但也並非全然如此。它與亞馬遜地區雖具基本的一致性，但比起亞馬遜雨林是從空氣中得到來自遙遠撒哈拉沙漠的養分補給，剛果雨林離它的營養物質來源地可要近得多。尤其是來自撒哈拉與薩赫爾[7]地區的哈馬丹風（Harmattan）[8]，會把礦物成分帶進剛果雨林的中、西部；這些物質很少能到得了它的東部，因為那裡深受赤道風系影響，持續上升的氣流在此形成一個巨大的低壓槽。這也是為什麼東非的火山，很少能將肥沃的火山灰送到它西邊的低地雨林區。

赤道非洲在生態位置上與爪哇相當的區域，就是盧安達與蒲隆地這兩國所在的高大山脈之間。其面積一共大約只有五萬四千二百平方公里，但人口卻高達兩千三百五十萬，也就是每平方公里四百三十五人。這個數字乍看雖然連爪哇的一半都不到，卻是剛果共和國人口密度的三十倍。相對也很高的，是這裡森林被開發利用的程度，除了陡坡與山頂，幾乎所有的森林都已被砍伐殆盡，開墾為耕地。不過有一點在此值得一提，這裡開墾雨林的主要目的是養活百姓，就像在爪哇、峇里島或哥斯大黎加的大部分地區，而不是為了生產出口國際市場的商品。這個議題，會是我們在第二篇的討論重點。

不同雨林區的人口密度有所差異的現象，與當地動物的有無與數量多寡是一致的。如前所述，一直到不久之前，東南亞的雨林裡都還有大象、犀牛、大型牛科動物以及老虎、豹與熊。剛果雨林裡雖然也有非洲森林象、獾狮狓、不同種的羚羊與大型野豬，但整體而言，非洲雨林裡的大型哺乳類動物，無論是在平均體型大小或數量上，都不如東南亞地區。然而比起這兩個區域，亞馬遜雨林更是嚴重落後。

這三大雨林區在自然環境上的根本差異，幾乎表現在所有生物領域上。例如我們會發現土壤特別貧瘠的亞馬遜中部與婆羅洲，同時也就是樹種最多的區域。反之，那些土壤較肥沃的地區，樹種則較少，林相也較一致。在東南亞地區，決定一地林相的樹種經常是腦龍香科（Dipterocarpaceen）的樹，它們有些可以長得非常高大，而這也反映了一地相對優良的生長條件，與可讓樹木穩固扎根的深厚土層。這種地方會有許多藤本植物，有尖刺或倒鉤的樹木則

7. 譯註：薩赫爾（Sahel）橫跨撒哈拉南緣，是半乾燥草原地區，熱帶草原與撒哈拉沙漠間的過渡帶。
8. 譯註：基於海陸熱力性質差異，每年北半球冬季在撒哈拉沙漠會形成高壓區，幾內亞灣北岸則是低壓區。這種水平氣壓梯度而產生、來自乾熱內陸的東北風，在當地被稱為哈馬丹風。

很少。盪過一條又一條藤蔓、飛躍在樹冠之間的猿猴，標記了這類雨林裡靈長目動物的生活特徵。人猿總科下的長臂猿，在這裡發展成特別擅長懸盪的單槓專家，牠們有時候看起來幾乎就像在樹冠間飛行。

在南美洲與其對等的動物有吼猴、蜘蛛猴或捲尾猴，不過比起長臂猿，牠們顯得既從容又謹慎，行為完全不大膽躁動；牠們活動範圍內的那些樹木枝條上，有太多尖刺與倒鉤了。牠們的特長展現在「第五隻手」上，那是具有攀附能力、可以像手一樣抓緊東西的尾巴。在探手摘果子或更想快手抓住一隻蟲子時（否則牠會像閃電一般跳走或飛走），牠們會用尾巴與後肢，把自己穩穩定錨在枝椏上。南美洲的大部分猿猴為攝取足夠的蛋白質，都必須以昆蟲為副食；但生活在蘇門答臘與婆羅洲的紅毛猩猩，卻可以滿足於只吃植物，因為那裡的植物營養價值很高。紅毛猩猩的體重可達五十至一百公斤，十倍於南美洲同樣以植物為主食的吼猴。

哺乳類動物世界因此以它的多樣性，反映出它所面對的挑戰，而這也是試圖生活在熱帶雨林中的人類所需要面對的。然而這不僅與食物有關，而是也關係到疾病。任何地方只要有比較多與人類相近的哺乳動物，或儘管是和我們有點遠的蝙蝠與狐蝠，人類就永遠都有從牠們身上得到病原並引發嚴重疾疫的危險。在我們這個時代，人類免疫缺乏病毒（HIV）、伊波拉病毒與 SARS 病毒都是活生生的例子。不過也有些疾病，是人類開始在雨林裡生活之後帶進來的，像蠕蟲、血寄生蟲與真菌病（特別是會感染皮膚和黏膜者）。只有動物非常稀少的地方，尤其是哺乳類動物，才可以免於感染這些熱帶疾病的恐懼。不過這種地方人通常也只能短暫停留，因為它所提供的生活資源太有限。源自雨林的疾病所造成的問題，之後會另闢專章進一步討論。

九、熱帶雨林如何自我更新

沒有森林能「永遠」存在，但我們總覺得森林特別穩定不變，至少如果它是自然形成的。可是眾所皆知，當前氣候變遷的趨勢給了所有林主一項大任務：他們得及時改造自己的森林，使它能應付更熱、更乾、更多風暴且更有利昆蟲大量繁殖的氣候。而「原始森林」被認為是最佳模範，因為它兼具抵抗力（即復原力）與持久性（即穩定性）。不過，真的是這樣嗎？

提出這個批判性問題是必然的，因為有關地表森林（不論是非熱帶或熱帶）在後冰期是如何形成或擴張，有著各種不同的論點。這些森林其實大多沒有我們想像的那麼老，只有真正位在熱帶最深處的某幾個地方，還可能有冰河時期開始前就存在的雨林——儘管如今的物種組成已不同。以我們的時間概念來說，它們確實非常老。不過它們也最穩定嗎？這點我們不得而知。因為找得到這種森林的地方，雨經常下得特別多，而這對想改變森林利用形式以帶來收益的人來說，並不特別具有吸引力。某些熱帶地區以外的雨林，例如北美西海岸附近以及智利最南方，也都基於非常類似的因素，得以保留至今。

但是我們所說的「穩定性」究竟是什麼？我們對它又有何期待？當一個棲息空間在我們眼前幾乎沒有發生任何改變，一直保有它原本的樣子，那就是穩定。這種說法非常易懂，但它其實含有一個潛在的重大錯覺。因為「在我們眼前」意謂著，這種持久性是以人類的生命為標準來界定。如果把人的壽命大致設定為七十五年，那我們的一生，其實最多只能經歷到大部分樹種自然壽命的五分之一，以橡樹來說，甚至大概只有十分之一；不過反過來說，人的一生也相當於連續五代以上的「狗」生，或上百代的老鼠、各種各樣的昆蟲及無數開花植物。

簡而言之，我們判斷的依據是人類的時間，而不是各種生命自己的時間。大象的平均壽命與人類大致相當，所以如果年紀已達人類耆老標準，我們就會把牠當人瑞一樣來照顧。然而一座同樣歲數的森林其實還很年輕，或頂多剛成熟到可以砍伐的狀態——如果那是一座中歐平原上的人工雲杉林。再舉個更極端的例子，我們的湖泊很年輕（非常！），它們幾乎全都形成於末次冰期結束之後，與人類移入過去滿是巨大冰層與凍原的土地並開始擴散的時間相當。然而像多瑙河或萊茵河這樣的河流則非常古老，至少要比那些湖泊老上好幾百倍。至於亞馬遜河，如前面所說，從今天的非洲西流並注入太平洋的時間，更長達數百萬年之久。

因此一座森林究竟有多老，應該得參照它樹木的平均自然壽命，這才是它自己的時間尺度。這樣一座在河流動力作用下已呈穩定狀態的歐洲河岸森林，才能與熱帶河岸低地的雨林進行比較對照。所以「原始森林」不該與「非常古老」畫上等號。發現於婆羅洲與亞馬遜許多地方的那種驚人的樹種多樣性，我們可以把它理解為是後冰期的變動作用還在進行，尚未找到它的終點；另一種可能性則是

它的森林發展演替已達最終狀態，即所謂的頂極群落（Klimax Gesellschaft）[9]，理由是熱帶雨林的生長完全不受季節限制，不像熱帶以外的地區有冬天，或某些熱帶、副熱帶地區有長短不一的乾季。

所以要回答有關穩定性的問題，其實並不容易。熱帶雨林裡大部分的樹種都長得很慢，並製造出質地非常堅硬的木材（有些在水中甚至浮不起來！），就這點而言，把熱帶雨林歸為「強韌且耐久」還算合理，至少跟橡樹天然林一樣強韌。但是它為何得如此強韌？撇開人類之外，還有什麼會危及森林？雨與火這兩個最重要的環境因素，雨林早就已經處理得宜，就這兩個自然因素來說，熱帶雨林確實相當強韌穩定。它能維持自己的雨林氣候，就像在亞馬遜地區所運作的那樣。透過水分的蒸散作用，它製造了自己的水循環系統，此系統一年當中所產生的降雨量，數倍於來自海洋的水氣。不過要製造自己的氣候，前提是雨林的面積得夠大。每年數千公釐的驚人雨量，也保護它免於被火神侵擾。雨林成功地讓自己避開了林火，即使林火是森林的自然本質之一，且影響著森林的「生命週期」，就這層意義來說，雨林確實可被視為（非常）穩定。只有長期的且嚴重偏離每年或每十年平均雨量變動率的降雨變化，才能自然而然地改變它，就像過去冰河世紀冷、暖期交替時所發生的那樣。從現在人類的觀點來看，那些時期也都是穩定且漫長。

與穩定性密不可分的另一個問題是復原力，也就是森林對抗影響較短暫且較局部的變動之能力。風暴、洪水或面積大小不一的人類開發利用，都屬於這類變動。那些高聳的雨林樹種因為根系很少深扎，只能擴展在接近表層的土壤裡，在風暴來襲時通常尤其脆弱。一場普通的雷雨風暴，就足以讓它連根拔起，可是在面積廣大的雨林裡，又幾乎天天有劇烈雷雨，因此這類風暴倒木已屬尋常事件，也是雨林自我更新的方法——正如沿河兩側經常持久不退的氾濫。這裡在主要雨季時，洪水可能會上升十~二十公尺，淹沒兩岸面積驚人的森林區。有時這些樹從樹冠以下，得泡在水中長達數星期之久。然而水這個要素，雖然在這裡的樹底下經常多到氾濫，對樹頂經常曝露在風吹日曬中的葉子來說，卻因高溫酷熱反而有短缺的問題。熱帶地區一年到頭太陽總高掛天空，日照強度幾乎沒什麼變動，而這迫使樹木的葉子變得像皮革一樣厚，葉面不僅硬實，還帶有一層具保護作用的蠟質，類似熱帶乾燥氣候區的植物。這意謂著雨林的樹木所面對的環境條件，在樹冠層與根部之間簡直有著天壤之別，幾乎是從副熱帶半乾燥區到水陸兩棲世界那樣極端。而歐洲相較之下跟這種處境最像的（儘管程度上差很多），或許是我們河邊常見的細葉柳樹；它們同樣也得忍耐數星期的河水氾濫，與夏季的連日高溫。

就這些環境現實而言，認為熱帶雨林極具抵抗力確實毫無疑問。它的韌性，是森林與自己所面對的非生物環境間長期交互作用的結果。而且不僅如此，它對動物與真菌的侵襲也很具抵

9. 譯註：是生態演替的最終階段，也是最穩定的群落階段。當一個群落演替到與環境處於平衡狀態，演替便不再進行。在這個平衡點上，群落中各主要種群的出生率和死亡率達到平衡，能量的輸入與輸出以及生產量和消耗量也都達到平衡。而物種多樣性高是其特徵之一。

抗力。硬木要遠比軟木更不易遭受真菌、白蟻或甲蟲幼蟲的攻擊，而且它的嫩芽與樹皮裡，含有各式各樣且多半具毒性的成分，也保護森林免受一般害蟲的大量侵襲，像中歐地區目前有許多森林正遭到舞毒蛾（Schwammspinner）肆虐那樣。一地如果絕大部物種的個別數量天生就很稀少，照理說也就不會有大量繁殖的現象。從這裡我們可以這樣推論（或許完全合理，但不見得普遍適用）：高生物多樣性促進了森林的穩定性，反之則會使其變得脆弱且不穩定。在氣候潮濕的熱帶，那些替代原生雨林的再生林較少是不穩定的，然而開發為林業與農業用地的雨林區卻相反，這裡會因不利的氣候發展、昆蟲與其他生物反常繁殖、以及病原侵襲而極度瀕危。在大致了解雨林的穩定性與韌性後，我們應該更能完整探討人類對熱帶雨林的利用，與砍伐森林並以農地取代原始森林所導致的後果。而這些後果，引發全球性的憂慮與關注。

十、森林與伐林開墾

人們砍除熱帶森林，是為了讓它能成為農業與林業用地。而接下來的描述會顯示，這基本上也不是什麼新鮮事，然而我們還是不能把它跟其它非熱帶森林區的開發混為一談。為什麼？原因在於伐林後作為農耕地或轉化為栽培林的土地利用方式。為了更能理解這點，我們有必要先來看看其他主要森林區過去的遭遇。

當歐洲的開拓者在四百年前踏上北美東部的土地時，那裡有片面積大得驚人的森林，它從大西洋岸延伸到北美大陸中部的大草原，一路直抵甚至跨越密西西比河，覆蓋了今天美國國土（不含阿拉斯加）將近一半的面積。幾乎極目所及都是森林，而那裡面包含各種橡樹、栗子樹、野蘋果樹，以及許多可提供果實與珍貴木材的其它樹種。這是熱帶以外地表最大的闊葉林，面積之大遠遠超過其它地區，約略相當於俄羅斯以西的整個歐洲。然而這片廣大遼闊的森林，卻在一六二〇到一九二〇年這短短的三百年間，就幾乎消失殆盡。得以倖存的面積連百分之五都不到，而其之所以能逃過一劫，是因為所在之處地形太險峻或不利農業利用。

這是歷史上由人類一手造成的規模最大的森林毀滅。罪魁禍首是歐洲人，這點得明確記上。因為北美森林在此之前，並非無人之境；不管是那裡或大草原上，都住著現在被稱為「第一民族」的印地安人，而他們與森林及大自然的關係，完全迥異於當時那些歐洲人。西雅圖酋長那段已被引用過無數次的演說，據說是一八五四年在一個聽證會上，當著華盛頓領地首長的面發表的，其內容的真實度或許有待商榷，但傳達的意思應該錯不了：「我們因森林而感到歡喜……我們的行事作風與你們相異……」。

可惜當時北美絕大部分森林已被砍伐的事實，已無法挽回。這場伐木大戰的「前線」，已推進到西部大平洋岸，草原地帶的野牛也幾近滅絕；而沒有牠們，大草原上的第一民族也失去了生存的根基。接下來在不過幾十年後的一九三〇年代，美國境內的廣大地區開始不斷橫遭沙塵暴掃蕩，並引發了最大的經濟危機，也就是「經濟大蕭條」。北美中央大平原上乾旱最嚴重的區域，開始被人們稱為「塵暴中心」（Dust Bowl）。數百萬人的生計，伴隨著快速獲利的銳減而集體崩潰。美國人「前進西部」的運動，留下了地力被嚴重剝削且需要漫長時間才能恢復的退化土地。而且就像美國所有的一切，那些曾經被吹噓具有無限潛力的農地，也都以「大」著稱；因此這裡森林毀滅與「塵暴中心」的規模，也確實都很「大」——災難等級的大！不過這也並非空前絕後，因為遠在更早之前，歐洲就有過類似的經驗。

大約在一萬二千年前，最後一次冰期結束了。巨大的冰河開始消融，原本覆蓋著數百公尺厚冰層的土地，都在不到幾百年的時間裡再度重見天日。這段約在一萬八千年前達到極盛的寒冷期，在德國北部被稱為威克塞爾（Weichsel）冰期；在阿爾卑斯山區被稱為玉木（Würm）冰期，名稱來自注入史坦伯格湖（Starnberger See）的一條小河；至於在北美洲，它則被標記為威斯康辛冰期。這次的冰封，是總共包括四次大冰期與無數較短小冰期的漫長冰河年代，亦即更新世中最後的一次。

更新世約始於兩百五十萬年前，當時北美與南美洲之間，因火山作用與小型大陸板塊的推移形成了陸橋，而這迫使熱帶海域的洋流徹底改道。於是歐洲的「海水暖氣機」，也就是墨西哥灣流形成了。因為北美與南美大陸間、約略今天巴拿馬所在處通道的閉鎖，使熱帶大西洋海域表層溫暖的海水，再也無法穿越此處流進太平洋；它幾乎像是被收網拉進墨西哥灣般地向北流動，然後繞經佛羅里達半島直奔北大西洋。在地球自轉與陸塊輪廓走向的共同作用下，這股溫暖的海水，有一大部分是朝向東北往西歐前進，並越過極圈湧進北極海。假如此時我們把熱帶雨林的歷史也一併納入考量，就會發現它與這股洋流以及對面太平洋上的那股，又有了某種嶄新的關係。這點非常重要，因為只有從地球歷史的演變出發，才能理解當前的環境與它的特性。而且不只參考熱帶，而是從全球的視角。

回到最末次冰期的結束，以及在那之後，有哪些來自近東與撒哈啦的事物發生在歐洲。不過在更詳細探這些之前，我們先說結果：大約在一萬年前，近東地區出現了農業。然後約莫在三千五百年前，這種新型態的利用大自然的方式，開始從那裡向西北邊的歐洲傳播；並很快地，也就是在不到幾百年之內就傳到西歐，以及這片歐亞大陸西部破碎地帶外圍的島嶼。農耕技術則向東傳入了印度河流域與中國，並且在那裡很快就成為了一種特定的生活方式。它原有的狩獵與採集文化，則被迫向北進入草原及向南進入雨林區；在歐洲地區，則是朝東北進入寒冷的北方針葉林帶，這種泰卡林溫度太低，已無法進行農業活動。

Eudocimus ruber.
Aber von Südosten und Süden, sowie im Nord- und Südwesten dringen Rodungen in den noch vor einem halben Jahrhundert geschlossenen Regenwald vor. Insbesonders Brasilien schafft damit neue Anbauflächen für Soja zum Export als Futter für Stallvieh nach Europa und weitere, wenig ergiebige Weiden für Rinder. In Brasilien leben gegenwärtig etwa so viele Rinder wie Menschen. Illegale Rodungen von landlosen Kleinbauern eröffnen den Agro-Industrien den Zugriff auf die Regenwälder. Goldsucher vergiften die Flüsse mit Quecksilber und gefährden damit auch den streng geschützten Riesenotter und viele weitere seltene Tiere.

亞馬遜的森林破壞——馬托格羅索州

MATO GROSSO
1960 · 2020
Äquator
Pteronura brasiliensis
Der augedehnteste tropische Regenwald erstreckt sich über Amazonien – noch! Wald und Wasser durchdringen einander. Die Fluten des Amazonas, des bei weiten wasserreichsten Flusses der Erde, schützen und nähren den Wald in den Niederungen durch lange anhaltende Überflutungen.
Johann Brandstetter 2020

然而在末次冰期結束後的幾千年裡，森林又重新向北方挺進，並覆蓋了大範圍的歐洲。這裡的森林在自然屬性上與北美的闊葉林相當，但在樹種多樣性上卻明顯變得不如遠在北大西洋另一端的對岸。因為冰期的推進，將歐洲森林逼退到氣候尚稱有利的小範圍區域。其中最重要的是在伊比利半島，在地中海中部、東部的某些地帶與島嶼，以及在與中東相鄰的高加索山區。此時幾乎全部覆蓋在冰雪鎧甲之下的阿爾卑斯山，成為樹木與許多其它植物南遷時的一大障礙；它橫亙在壓境而來的氣候變動前。

北美大陸的情況則截然不同。那裡的主要山脈都是南北走向，不會形成阻礙氣候區推移的路障，然而像歐洲的庇里牛斯山與阿爾卑斯山，或更東邊的亞洲閉鎖式山脈，尤其是地勢最險峻的西藏高原與喜馬拉雅山群，對此就都構成了巨大障礙。它所產生的眾多影響之一，便是歐洲在冰期中滅絕的動、植物物種，要遠比北美大陸以及地理條件與北美同樣有利的東亞地區多。關於這點，我們之後在討論東南亞雨林時會繼續探究。

在這種情況之下的歐洲，森林的重返是由相對較少的主要樹種，以一種漸進且依照順序的方式來進行。打先鋒的是樺樹與歐榛樹，最晚到的則是今天歐洲森林的主要樹種山毛櫸——至少這是目前最普遍的看法，理論根據則來自花粉分析的結果。不易腐壞的植物花粉，被層層保存在高位沼澤裡，因此我們可以從它們的排列次序與數量變化，了解森林的重返是如何發生，以及為取得農地而砍伐森林，是何時開始並以何種規模來進行。

而這些研究的主要發現再清楚不過：冰期結束後的森林，根本還沒有好好再度擴張，因為人類為發展農業而清除林地的行動開始了，因此我們無法真正得知，沒有農業活動介入的森林將會出現怎樣的面貌，而只能根據幾個被保留下來的「原始森林殘餘」來推測。不過對大型動物在這種森林裡究竟扮演什麼角色，學者專家們之間存在著分歧。牠們原本應該生活在那裡，但因為人類的密集捕獵，根本無法維持還算自然的族群數量。

特別是幾乎在森林重返的同時，由野生動物馴化而來的牛、山羊與綿羊，也在人類的保護下，以牠們對牧草地的需求製造出新情勢，而這也使那些野生動物變得更少。因為人類為了維護自己的家禽家畜，幾乎將這些大型掠食動物趕盡殺絕——以獵人或農人的說法叫「肉食猛獸」，例如獅子。農耕活動與飼養牲口，就是在這種情況下在歐洲及西南亞地區擴散傳播，而森林必須為此犧牲讓步。

在開始有文字記載、我們稱為「歷史」的時間裡，歐洲曾經發生過多次的大規模伐林。最早的一波始於肥沃的河岸低地，然後沿著河川主、支流所構成的路網向內陸輻射，不過此時那些地勢較高或生長在多岩貧瘠土壤上的森林，大多仍未被染指而倖免於難。自此之後，不管氣候變動是否對其有利，總之農業持續向四面擴散，並在羅馬帝國時代達到第二個高峰。當時帝國範圍內可投入農業勞動的鄉村人口，已能在滿足羅馬人所需之外有生產剩餘。此時北非是帝國的穀倉，至於在阿爾卑斯山與多瑙河以北，則有一道界牆，隔開羅馬人的文明國土

與野蠻人森林密布的蠻荒。而這些留下來的北方森林，大約在一千年後的歐洲中世紀中期，也落入斧斤鋤犁下。

開始於西元後第二個千禧年之初的大規模伐林，把整個歐洲的森林幾乎摧毀殆盡，當時倖存下來的林地甚至比今天還少。在這之前的希臘、羅馬時代，或更早的古埃及時代，被砍伐的森林多半靠近海岸，目的是取得造船的材料。然而在民族大遷徙的混亂平息後，貿易商旅重新活絡，對造船材料的需求也大為提高，這又促使歐洲的森林不斷繼續被砍伐。接下來在「地理大發現」的世紀裡，也就是歐洲殖民時代的開始，剩餘的森林面積繼續縮減，並帶來比西歐地區伐林更嚴峻且至今可見的後果。船運愈重要，森林就愈少，即使木製船的時代早已過去，這個法則在今天的歐洲卻仍然適用。這種以森林為造船材料來源的特有利用方式，讓地中海地區的山脈變得童山濯濯。森林的砍伐與沼澤地的開發，使中世紀歐洲的百姓頻頻遭遇為他們帶來飢荒與苦難的旱年。從整個過程來看，南歐、西歐與中歐森林的破壞大約持續了四千年。而那些同樣出身於歐洲的北美人，則大約只用了這段時間的十分之一，就在北美大陸摧毀了規模與此相當的廣大森林。

現在熱帶森林也難逃一劫，而始作俑者又是歐洲人。在過去的四十年裡，也就是花在毀掉歐洲森林所需時間的百分之一，熱帶雨林的面積減少了一半。沒錯，這次中國人與馬來人也參與其中，但那是他們接收歐洲破壞式經濟模式的後果，因為這也是全球經濟體系的一部分。

那些自己國家境內正在大肆砍伐雨林的代表，經常主張他們的所作所為，跟歐洲人在幾千年前或過去短短幾百年在北美做過的事，根本沒什麼兩樣。所以為什麼巴西、剛果或印尼就不該享有同樣的權利，也同樣能利用自己國家境內的森林，把它轉化為收益遠遠更好的農耕地或畜牧地？歐洲人在殖民時期的那幾百年裡，也沒特別關心過他們併吞來的殖民帝國裡這些自然資源未來的命運。況且最想利用保存潛藏在熱帶動、植物與微生物身上的基因多樣性，然後從中獲利的難道不是那些歐、美人士嗎？這代表一切不過是殖民主義的另一種隱藏形式。

那些竭力想保留熱帶雨林的國際組織，所面對的就是這類反駁意見。保護雨林運動的成果，貧乏薄弱得讓人氣餒。只有一個國家真正實現了一九九二年的《里約地球高峰會》為保存生物多樣性所訂下的要求與目標：哥斯大黎加。這個位在中美地峽、介於巴拿馬與尼加拉瓜之間的小國，面積大約只有巴伐利亞的三分之二。除了非常豐富多樣的熱帶自然環境，哥斯大黎加並不特別富裕，但它認真看待保護熱帶森林這件事，其成就也完全足以做為楷模。哥斯大黎加能做到這點，或許也與這件事有關——它廢除了軍隊，因此省下了鉅額開銷。之後我們會看到，熱帶雨林的破壞絕對不只與必須養活成長中的人口有關；而且這兩者最不相干的地方，經常也就是雨林破壞規模最大的國家。

砍伐森林的最主要目的為何？讓我們用以下的概觀來結束本章。就歐洲長達數千年的第一個大規模伐林階段而言，答案再清楚不過：開發森林是為了養活不斷成長的人口。其它用途或木材輸出，都只占極小的一部分。至於在美國砍伐森林的行動中，填飽肚子則只是非常微不足道的目的之一。那是一種對土地的掠奪性征服，而且是以犧牲印地安人為代價；這些原住民以永續的方式利用森林，他們雖然也絕對影響或改變了這個空間，但並沒有將它毀滅。而人類當前對熱帶森林的破壞，同樣也只有很小一部分是真正在為那些貧困飢餓的農村人口創造人生的機會。那其中絕大部分的土地，是用來生產提供外銷的產品。而那些熱帶原木、棕櫚油和大豆的受惠者，是歐洲與北美洲的人，以及愈來愈多逐漸致富並過著歐美生活方式的東亞人。因此熱帶森林的破壞，毫無疑問跟我們關係匪淺。因為我們畜欄裡的牲口正在吃掉雨林，而我們把棕櫚油當作永續資源。

十一、森林的基本特徵

「把森林變成農地或牧地」這種簡要的說法，給人這種印象：因為人口增加需要糧食，所以在其它森林幾乎都已開發殆盡後，現在終於輪到地表最後的大森林熱帶雨林了。人無法直接仰賴森林為生。木材雖是燃料也是建材，但還不至於那麼重要，而樹葉也不能吃。能夠養活我們的，是田地和草地所生產的東西。在熱帶森林裡，還有部分殘存的土著，以小群體為單位過著狩獵與採集這種石器時代的生活方式。然而這些「森林族群」的生活，事實上早已或多或少強烈依賴著鄰近的農人或牧人。人們替他們設置了保護區，幾乎就像在保護野生動物那樣，為了確保他們能以自己的傳統方式生存下去——至少在一段時間之內。

於是有一種想像，在歐洲浪漫主義中成形了：這些「高貴的野人」過著一種天人合一的生活，他們能夠（並且應該）做為榜樣，向我們示範如何與自然共處。然而這種過度的理想化完全與現實脫節。事實上，如果把他們所推崇的那些人單獨留在原始森林裡，恐怕連一星期都活不下去。即使是熱帶以外的原始森林都很難，雖然那裡的環境條件明顯更有利。有關泰山的幻想，真的就只適合開開玩笑。至於為什麼，只要先大致認識森林這種環境的生存條件，再針對熱帶雨林做更深入的了解，就會明白其中緣故。

讓我們先試著在完全不考慮人類特殊需求的情況下來觀察森林。這其實並不容易，即使是對科學家而言，因為我們總免不了會受自己的「人類觀點」所引導。不過基於幾個理由，我們還是應該盡力這樣做。森林出現在地表的時間遠比人類長久，它並不是「為人類打造」的。依其自然屬性，森林裡能讓人類食用的東西，原本就遠比在莽原或河湖等水域少。只有兩隻腳的人類也更擅長走路、跑步，而不是爬樹。森林裡有很一大部分的生命，都活躍在樹冠之上，那是果實生長、猿猴等哺乳動物嬉鬧，且夜晚休憩時遠比地面安全的地方，但是那裡人類幾乎完全上不去。在森林裡生活，人類需要像吹管與毒箭這樣的特殊工具，才能在一段距離之外獵捕動物。在森林裡狩獵，缺乏開闊地面那樣的一目了然性，人類直立行走與以兩腿奔跑的優勢，得在後者才能完全發揮。也因此人類生活在冬季酷寒有如冰原之處的歷史，甚至遠比熱帶森林早。在熱帶森林裡，人類無法達到高密度人口，顯然即使不會受凍不需取暖，人在這種終年潮濕溫暖的環境並不特別好過。

至於為何會如此，森林的自然屬性說明了一切。我們已經很熟悉某些基本事實，例如森林是由樹木組成，而樹木以最簡單的方式來說，是由根部與長滿葉子的樹冠所組成，銜接這兩者的樹幹，往上是把樹冠舉至高處，往下則是把根強力扎進地底。樹的根部組織關係到水分與礦物質的吸收，樹葉則事關利用陽光作為製造養分的能量來源。樹幹因此是讓樹葉得以接近陽光的支撐結構，而這對植物生長的基礎過程，亦即光合作用是必要的。在這個過程中，水分、二氧化碳與礦物質的結合，產生了糖分與纖維素，並釋放出「廢氣」——氧。

我們將植物透過光合作用所製造的有機物質稱為生物量（Biomass），因為它的形成是透過生物有機的方式。不過由於除了植物，還另有動物與人類身體質量所構成的生物量，因此有必要將其區分為植物生物量（Phytomass）與動物生物量（Zoomass）。這對了解森林以及我們自己的自然本質非常重要，因為構成植物生物量的有機物，是產生自水、二氧化碳與礦物質這樣的無機物；動物生物量的形成，則轉換自既有生物量——我們也可以合理將它分為植物性與動物性食物來源。最後，生物量還包括分解有機物這第三個部分，其主要發生在土壤當中。

放眼森林，會發現一些既有趣又稀奇的事。樹木利用（或回收）土壤中的有機物質，然後再從樹冠上製造出新的——以樹葉的型態。這些樹葉會老化凋零，一如樹木本身也會變老，然後在某個時候倒塌崩壞。而土壤中的真菌、細菌與其他小型或微型生物，會分解這些生產者。一種無限循環於是形成了，讓人印象深刻的是，它可以用特殊放射性物質得到證實。建構與破壞彼此相隨，一種完美的資源再利用。樹木藉著樹幹的形成，不僅把樹冠往上帶向陽光，也同時贏得了時間——生存的時間。眾所皆知，樹木可以非常長壽；它能夠活到好幾百歲，在最有利的情況下，甚至幾千歲。它以這種方式延長了物質循環的時間，而這創造出穩定性。「長壽常青如樹」，或許是絕大多數人的

人生目標。

然而能夠如此長壽，意謂著樹木和森林能夠滿足自我。它們只要偶爾結果，長出能孕育新樹苗的種子，便已足夠。哪天當老樹被暴風颳倒或遭真菌腐蝕，這棵新生的樹會起而代之，於是循環會繼續下去。森林確實能自主發展並自我保存，完全不用人類幫忙。它不需要人類，也不需要動物，除了那些能幫它散播種子或授粉者之外——這對許多樹木非常重要，由於環境相對封閉的森林裡太少有風，因此樹木的花粉或種子，也無法隨風遠颺。此外，樹木的種子通常也必須盡量又大又重，這樣樹苗在長大茁壯之前，才有足夠的營養儲備能供它生長，畢竟沒有人會在森林裡幫它備好育苗床。不過有關動物在森林裡的角色，仍需要個別探究，因為這將會告訴我們，如果熱帶雨林溫暖、潮濕、多日照的生存條件確實這麼有利，那裡面最優良的樹種與幫它授粉或傳播種子的動物，必定都已迅速繁殖並普遍分布，可是它的樹種為什麼卻偏偏如此繁多？

讓我們還是先繼續了解一般森林普遍都有的基本條件。動物在這裡只是附屬品，而且牠們的活動，還經常讓人留下「深具破壞性」這樣的印象。這點不管是在林業或農業上都一樣，林業經營者眼中最理想的森林，是樹木的生長可以完全不受昆蟲或其它動物影響（然後產出木材）。再回到生物量的概念，就會明白人為什麼如此看待林業中的動物。天然林中的動物生物量非常小，尤其是相較於植物生物量更小得可憐。如果說樹木構成每公頃土地上超過一千公噸的植物生物量，那所有地面上動物的總和，則不過幾百公斤，也就是前者的千分之幾。而且這

剛果雨林

亞馬遜雨林與剛果雨林就隔海相望，位在彼此對面，它們甚至一度合為一體。當時的亞馬遜河在非洲大陸向西流動，南美洲也還不是南美洲，而是南方超級大陸岡瓦納蘭的一部分。不過那已經是很久以前的事，自它們分道揚鑣一億多年來，又發生了許多事。非洲出現了與南美洲完全不同類型的大型動物（後者向西漂移並隔絕於其它大陸），包括大象、長頸鹿以及大型靈長目動物——而我們人類就源自其中一支。

只要看看剛果雨林，就會明白非洲為何是人類的原鄉。這裡的自然環境有利於大型動物生成，特別是那些身體新陳代謝率較高者。例如大象，牠是哺乳類動物，有著很大的腦容量，甚至是所有現存生物中最大者。腦需要許多能量，遠超過它在動物身體所占的比例，因此一地的食物來源必須相對充裕，而且有許多腦所需要但植物很難提供的成分。大象能夠生存在剛果雨林中的事實，已表明了這裡遠比亞馬遜肥沃多產，尤其是富含能量的磷、氮化合物等基礎物質。這裡甚至也有很豐富的鈣，這使非洲林象得以生成象牙，它們或許沒有草原大象的象牙大，但總聊勝於無。就身體份量而言，非洲林象也堪稱與南亞及東南亞象相當；後者屬另一物種，雖然外表類似非洲象，但事實上與生存在冰河時期的猛　象關係更近。

地球的歷史會留下痕跡，在哺乳類動物這個例子上更特別重要。因為對我們而言，遠比起非洲林象更具意義的，是在下頁這張圖上看著我們的那兩種黑猩猩：普通黑猩猩與倭黑猩猩。牠們

ARUWIMI
Albert See
Ruwenzori
Victoria-See
Virunga
Bonobo: Pan paniscus
Schimpanse - Pan troglodytes
2020

剛果雨林

Waldelefant - Loxodonta cyclotis
Kinshasa
KASAI
UBANGI
Okapi - Okapia johstoni

是與人類關係最近的動物親屬，與我們在遺傳基因上的差異，大約只稍多於百分之一。也就是說黑猩猩並非「僅僅是猿猴」，牠們是人猿，幾乎跟人類一樣。而且牠們還有一個特點：這兩種黑猩猩雖然外表如此相像，基因上更尤其相近，彼此的生活方式卻大相逕庭。我們所知道的黑猩猩的行為本性，現在都已洋洋灑灑記載在許多書裡，而牠們之間最大的差異便是社會行為。普通黑猩猩過著明顯由（強壯）雄性主導的群居生活，牠們在面對其他黑猩猩群體時有時候攻擊性是如此之強，彼此之間簡直就像在打仗一樣，而且後果還可能演變成對手族群全數被殲滅。至於倭黑猩猩的生活則平和得多。雄性與雌性之間並沒有顯著的位階差異，衝突會透過性行為來舒緩或完全被調解。倭黑猩猩與牠們更具野性的姊妹種普通黑猩猩一樣，也經常直立著以雙腳行走。隔開牠們的也就只是剛果河這條河流，倭黑猩猩住在南邊的熱帶森林裡，普通黑猩猩則相對在北側，分布範圍也廣大得多。牠們的整體分布區西至大西洋岸，東至中非東部湖泊群；至於其主要生活空間，比起茂密的雨林，兩者其實都更常利用莽原。所以說長相雖然幾乎毫無二致，行為與生活方式卻大相逕庭

在更深入認識這兩種人猿時，我們會了解只要相對些微的變動，就足以讓我們那些遠古的祖先，走上演化成人類的路。大約在五百萬年前，我們與這兩種黑猩猩還同屬一物種。充滿謎團的非洲大陸！作家約瑟夫·康拉德（Joseph Conrad, 1857~1924）[10]將剛果雨林稱為「黑暗之心」，然而它是組成地表生命的重大核心區塊之一，我們眼中最重要的那一塊。

不過這張圖還特別突顯了某些東西。那兩隻像犀鳥一樣越過森林，飛向一棵大樹的「大蝙

蝠」，在生物學上其實也是我們人類的親屬——當然關係要比前述的兩種黑猩猩遠得多。然而我們不能因此低估牠們，因為狹義來說，狐蝠這種大蝙蝠與牠的孿生物種蝙蝠，體內都帶有能夠直接傳染給人類的古老病毒。過去這段時間最為人所熟知的，就是病徵極其兇殘與高致死率的伊波病毒，但它絕非僅有。當人類在自己所居住的村子栽種果樹，愛吃水果的狐蝠便會大量聚集而來，然而比起其它動物，牠們與以昆蟲維生的蝙蝠身上，更容易攜帶有對人類具致命危險的病毒。即使是已經遠至數百萬年前的親屬關係，對病毒來說都還是近到足以「跳越」。所以「黑暗之心」確實也有它黑暗的一面，只為供應歐洲所需的熱帶原木或為栽種油棕樹，而不斷侵入廣大的剛果雨林，後果可能會很致命。

10. 譯註：波蘭裔英國小說家，英國文學界最偉大的小說家之一。寫作時期大英帝國正值巔峰狀態，作品反映歐洲政治文化主導下——包括帝國主義與殖民主義——的世界面貌，並深刻探索人類心理，被譽為現代主義的先驅。

裡所說的可不只有野豬、野鹿或狐狸，而是包括所有的毛毛蟲、甲蟲、蜘蛛，與其它住在樹上或像螞蟻這類生活在地面或土裡的動物。也只有在有機物被分解成腐植質的土壤層裡，動物生物量的比例會高一點。在喬木森林裡看到動物的機率要遠小於城市公園裡或水邊，這樣的印象其實沒騙人。森林裡本來就很少動物，特別是體型較大的動物；像莽原、草原或河岸低地這類地貌開闊的地方，才是牠們的領域。我們的森林對野生動物而言，主要是作為庇護空間；牠們白晝會待在森林裡，直到晚上才移動到林間空地或田野覓食。

至於情況為何會如此，原因其實一目了然。森林裡幾乎所有新鮮的嫩葉，都位在離地面很遠的高處。而那樣的地方，也只有能飛或擅長攀爬且體重不太大的動物才到得了。能飛到那裡的主要是繁殖階段的昆蟲，牠們會把卵產在幼蟲孵出後不需太費力就可以吃到嫩葉的位置。而吃得到那裡的果實的，是鳥類與爬起樹來身輕如燕的哺乳類動物。大型哺乳類動物則多半在地面，牠們會四處挖刨翻找，就像野豬那樣。

從上面的簡短描繪可以得知，若想直接仰賴森林維生，人類能從中得到的資源，甚至比大多數動物還更有限。居住在廣大森林裡的人類，得有獵物及魚類作為食物來源；可食用的植物很少，而且通常只在莓果、水果或堅果成熟的特定季節才有。因此這裡的生活以狩獵、採集為主，並在廣大森林裡四處遷徙，只能容許非常低的人口密度。而事實也的確如此，熱帶森林裡以狩獵、採集為生的人，還比沙漠地區少，其密度大多連每平方公里一人都不到。這種非常低的人口密度，是游牧式遷移的先決條件，因為即使是一小群人，只要在某處森林待得稍久，那裡有限的野生動物資源很快就會被過度使用，樹木也會季節性地經常連續數月沒有果實或種子可採。

我們後面會看到，這些自然環境的既定事實，對判斷熱帶雨林的永續利用性極為重要。永續利用經常被認為是雨林砍伐及變更為農牧用地之外的另一種選擇，而土壤肥沃度被證實是決定性因素。讓我們再先從另一個角度來檢視樹木。因為有一點很奇怪，一公頃的草地能持續養活好幾隻牛，但同樣大的林地，長期來說卻連一隻野鹿都養不活。而追根究柢，就是各種草類與開花草本植物幾乎都已適應放牧活動，不斷反覆被吃掉甚至還讓它們長得更好。反之樹木無法耐受放牧活動，尤其是它的嫩芽；只要被毛毛蟲或甲蟲的幼蟲吃掉太多葉子，它經常就是死路一條。有少數樹木確實能應付完全失去葉子的困境，但那也只在它有足夠的能量儲備能讓自己重新長出葉子，並且這些葉子能保留，不會立刻又被吃掉。而那些乾草原上的草地，連大爆發的蝗蟲過境也無法對它造成永久性傷害。

我們可以就這些事實做個總結：草地能適應動物的密集利用，森林能耐受的則相當有限。在生態學用語上，所有直接仰賴植物維生或以植物利用者為食的生物，都可歸為消費者。毛毛蟲與牛是消費者，狐狸、狼和人類也都是。同是消費者但多少有點差別的，是消費等級的高低。一開始是草食性動物，也就是初級消費者，接下來以此類推，直到最後一階的終端消費者。我們人類就是終端消費者，在本質上一直是大型肉食動物。提出這點非常重要，因為能量每傳遞到下個消費等級，都會產生大量損耗。根據經驗法則，在傳遞到下一階的能量中，只有十分之一或甚至更少，能成為內源性物質或用來繁衍下一代。也就是說，前面尚有三個消費等級的終端消費者，只能獲得初級消費者（即草食性動物）所得到的營養的千分之一。因此終端消費者的數量稀少，也只能保持稀少。

反過來說，屬於初級消費者的物種，族群數量就可以很多。而這類消費者在侵襲農地或森林時，我們會把牠稱為「有害生物」。一個適用的規則是：物種的食物鏈愈短，數量就會愈多。隨著農業的發明，人類產生了一種根本的改變，我們在很大的程度上變成了初級消費者，而其結果就是人口爆炸。事實上，一直到農業發明數千年後，人口爆炸才對全球產生影響，這主要是由於疾病。隨著居住密度大幅提高，人類也愈來愈容易遭受疾病侵襲；而且這不只發生在人類身上，我們的家禽家畜與農作物更深受影響。

在這些基礎關係裡，我們所熟悉的生活環境與熱帶雨林，產生了特別大的差異。因為即使植物生物量非常驚人且全年穩定生產，熱帶雨林絕大部分物種的數量，卻仍然保持在稀少到非常稀少之間。為什麼偏偏在植被生長如此茂盛的熱帶雨林裡，動物是如此多樣但又如此稀少？我們或許會在更仔細觀察其自然特質後，更接近這個問題的答案，然後也更能了解為什麼絕大部分的雨林，可以一直倖存到二十世紀中期不受人類染指。

十二、樹的本質

我們通常會立刻看出那就是一棵樹。它代表一種植物的生長型態，主要特徵是那強壯穩固、將根部與樹冠隔開某段距離的主幹。這裡我們不對它作更精確的定義，因為如此一來得再附註無數例外與補充說明。自然界中永遠存在著過渡現象，沒有明確的界線。就像被稱為Heidekraut（荒原上的草花）的歐石楠，儘管跟草一樣被用來放養羊群，但其實這種具樹木生長形態的矮灌木，根本不是草本植物。不過這點在我們眼中並不特別重要，重要的是樹木以一種生命型態構成了森林，並創造出本質上相異於草地或荒原的生存環境。在此，我們要特別強調它在兩方面的自然性質。首先，樹木把它每年吸收二氧化碳後所形成的大部分產物，都儲存在木質組織裡。另外，它促成了一種大型水循環運動，其規模遠超過本身製造生物量之所需；這種蒸散作用再加上地面多遮蔭，共同創造出與眾不同的森林氣候。更明確地說，樹木把巨量的水，從土壤與地下水層輸送到大氣中。

就讓我們先來看看儲存在樹木枝幹裡的東西。這個部分到底有多大，只要另外秤秤它樹葉的重量就會明白。樹葉在整棵樹木的質量中只占很小的比例，但究竟是多少，還是依樹種而定。像同樣具木質組織，藤蔓植物枝幹的材料量，相較之下就比橡樹或棕櫚樹少。但更重要的是：那些枝幹主要是由死掉的組織所構成。只有木質部外層是活著的組織，嚴格來說，也只是內側木質與外部樹皮間、由少量細胞組成的那層薄薄的組織。所謂的樹皮，指的通常也是樹木已經死掉的外表皮組織。所以如果用比較具畫面感的方式來形容樹木的結構，那就是一張活著的薄膜，外面覆蓋著厚度不一、死掉的保護層，裡面則包覆著同樣是死組織的木材。在這層活著的薄膜上下兩端，分別是葉子所在的樹冠與土壤中細緻的根系。葉與根這兩個結構，是一棵樹活著的部分；其它最多可達百分之九十以上的部分，則是由木材所構成。

由此說來，樹木是站在自己的「廢棄物」上往高處長。這件事實在太奇怪，以至於你會猶豫是否該把它比喻在人身上，因為那就好像我們得站在自己的固體排泄物上往上長。如果只看人所排出的氣體，或許還與樹木的廢氣比較相當；樹木在白天會排出氧氣，夜晚排出的則主要是二氧化碳——植物在黑暗中尚能進行的作用是呼吸。總之，這點對人類來說是如此難以理解，因此真的很難（完全合理的）這樣做比較。

或許用個人所有物來做比較，情況會好點。那些我們所累積的、幾乎是獨占的屬於我們自己的東西。樹木獨占了生長空間與自己所累積的營養物質，再加上自己的「產物」，這使它非常長壽，且名符其實的「腳踏實地」。結出果實與種子這些傳宗接代的大事，它會在有一定年歲之後且經常只有在特定時間才投入。樹木在這方面與草類及其它草本植物作風迥異，後者通常生長快速，不論開花或結果都速戰速決。許多這類植物都是「一年生」，而這已宣告了它們的特點：在開花結果之後死去，隔年再從種子裡孕育出新生命。因此它們的生存策略是快速繁殖，樹木相反地則是穩定性。

而這又產生了影響最深遠的後果，尤其是在可利用性這方面。那些生長快速者，本身很少或根本無法形成能免於「被吃掉」的防禦物質，反之亦然。因為不含毒素，絕大多數的草類與許多草本植物，都可以被一般動物直接利用。人類沒辦法吃草，也只是因為它營養成分太低且含有太多我們消化不了的纖維素，並不是因為它有毒。

樹木的葉子則不同，它們大多含有讓自己變得不適合食用或有毒的特殊成分。例如橡樹身上的鞣質（即單寧酸）。顧名思義，這種成分能讓動物皮膚的蛋白質強烈變質，使它成為皮革，而微生物再也沒辦法或只有在特殊情況下才能分解它。在開花的草本植物身上，我們則利用這種成分作成花草茶。可是為什麼樹木會發展出這類或甚至特別多樣的防護物質，讓自己變得難吃或有毒，而其它植物——如草類及許多草本植物——即使很少或沒有這道防護，也不會有什麼問題呢？

這個問題帶我們回到水的循環流動，回到蒸散作用。當許多樹木一起生長並形成面積較大的森林，它便能創造自己的氣候，而這是水分大量蒸發的結果。但樹木當然不是為了要製造某種氣候而進行蒸發作用，而是因為它的葉子曝露在陽光下。在歐洲主要是夏天，在熱帶則幾乎全年無休，森林得承受烈日簡直像轟炸般的曝曬。可是樹葉沒有開關，不能只因今天夠了，就乾脆停止光合作用。它會繼續運作，或許稍微減緩，否則日照會破壞它敏感的化學裝置。就像一部在炎夏高溫中運轉的引擎，它需要冷卻作用，而水分的蒸發提供這樣的效果。因此太陽輻射愈強，蒸散作用也就愈旺盛。

然而蒸散作用並不只是為了冷卻。這不僅與避免過熱有關，也完全直接關係到某些化學作用。樹木不能只因能提供光合作用的日照是如此充裕，便無止境地不斷製造糖分，過多糖分會淹沒細胞，而這會導致樹葉失能。因此在不造成任何損害的情況下，樹木會以需要高能量投入且極其複雜的化學反應，來處理它過多的能量。而那些複雜的化學成分，便是這些「高能量耗損者」。想重新分解它並使它成為可被利用的養分，不是得動用很多能量來消化，就是需要特別的酵素來解毒，尤有甚者，是兩個都需要。因此也只有擁有「特殊專長」者，才有辦法利用那些充滿複雜化學化合物的養分。消化愈困難，利用與繁殖的速度也就愈慢，不管是昆蟲或專門只吃這些樹葉的哺乳類動物都一樣。而我們會看到，樹葉所含有的那些複雜物質，是使熱帶雨林的動物相如此豐富多樣的重要因素。透過人類的利用，我們也看到這些物質的限制與機會。所謂限制，是因為人類幾乎完全無法直接把雨林樹種的葉子當食物，只有某些不含這類成分的果實是例外。至於機會，指的則是這些成分在醫療用途上的無限可能性。

綜合以上所得到的結論是：愈趨近熱帶，樹木的生長就進行得越慢，累積在活的組織裡的物質也愈多，於是葉子就愈具毒性，木質組織也愈堅硬。

十三、貧瘠的雨林土壤

現在讓我們把焦點轉移到土壤。因為如果熱帶地區的生長作用是一年到頭都在密集進行，為什麼在氣候較溫和或較寒冷地區的森林裡，腐植質會比熱帶森林更多？既然生長季離極區愈近就愈短，那它每年所製造的腐植質不是應該要比接近極區的森林多嗎？我們不僅很容易下這樣的推斷，熱帶森林的外觀，甚至更讓人認為它必定生長在很肥沃的土地上，畢竟它那撲天蓋地的常綠植被是如此繁茂。洪保德也曾經被這種假象矇騙，他在植物學家邦普蘭的陪伴下，初次體驗南美奧里諾科盆地的熱帶森林，並深深震攝於那種驚人的繁茂。

他們認為只有最高等級的肥沃度能帶來這種結果；洪保德並推測，亞馬遜這塊土地將是未來的希望，因為那裡有豐沛的水、無止盡的森林與永遠保持在攝氏三十度上下的宜人溫度。不過他與後來的許多研究者都沒注意到，不管是在亞馬遜、委內瑞拉或哥倫比亞的雨林裡，人煙都非常稀少。加勒比海海岸某些氣候熱起來能殺人的乾燥地區，當時，也就是兩百年前的人口居住密度都要比它高得多。連氣候較冷的安地斯山高地也是，那裡在西班牙的征服者入侵前，早就發展出高度文明的印加文化，而且由秘魯往南擴展至智利，向北則直抵哥倫比亞。在今天的巴拉圭與阿根廷北部，則在洪保德那時也已經有天主教耶穌會為印地安人建立的繁榮莊園。更南邊的彭巴草原上，則有高卓（Gaucho）[11]人與他們的羊群，在對抗著來自南極的風暴。

在巴西的殖民開墾，則是由東南部與南部朝內陸塞拉多（Cerrado）較乾燥的森林草原移動。至於亞馬遜地區，在洪保德的時代只有少數印地安人、傳教士與淘金客，大致仍是不為人知的蠻荒地帶。

即使是洪保德之後一百年，還是沒有任何預測中的開發沃土新世界的計畫，驅使移民來到這座地表最大的雨林區；湧進來的是採橡膠工人，目的是取得製造汽車輪胎所需的天然橡膠。當亞馬遜第一波規模較大的伐林行動，開始從最僻遠的角落推進雨林裡，北美大陸廣袤的森林幾乎已被摧毀殆盡。它始於巴西偏遠的朗多尼亞州（Rondônia）及阿克里州（Acre），而不是地勢較低、遠洋大船也到得了的亞馬遜河岸。然後在一百年前，第一個大型熱帶栽培園設立了——然後也失敗了。林木繁茂、生命豐沛的熱帶森林，並沒有帶來豐收。

一個完全普遍適用於土壤的原則是：它能夠有多肥沃或多貧瘠，是由降雨量與氣溫來決定。再好的土壤也可能毫無用處，如果它處於結凍狀態，而且這種狀態久到不利植物生長與發育。沙漠土壤富含植物所需的礦物成分，如果有水灌溉也能帶來很好的收成，只是它容易產生鹽化現象，因為水會在溶解土壤中的鹽分後，把它往上帶到表層。

為什麼森林裡不會有鹽化現象，或只在特別不利的情況下才有？主要原因是樹木調節了水

11. 譯註：Gaucho 一詞與北美的「牛仔」意思相近，主要形容南美彭巴草原及巴塔哥尼亞高原草原上的居民，由印地安人與西班牙人長期混血而成，保留較多印地安文化傳統，語言為西班牙語，信仰為天主教。

的收支平衡。它們吸收地下水，但卻能避免土壤表層出現太強烈的蒸發作用，因為樹木遮蔭地面並使它保持濕潤。面積廣大的森林能做到的還更多。它們不只蒸發掉許多水分，也藉此製造了新的降雨機會；因為上升的水氣會凝結成雲，隨著繼續升高增加密度，然後發展成會帶來雷陣雨的積雨雲。這種作用在面積較小的森林並不明顯，或者以量來說在一季或一年的雨量收支中有點微不足道。然而可以確定的是，這種自行造雨的功能對大森林區非常重要，它在熱帶雨林裡效果最強烈，而亞馬遜就是最佳範例。

亞馬遜雨林的形狀非常獨特。一如八十七頁的地圖顯示，它在亞馬遜河出海口處相對很窄，隨著離海愈遠則愈來愈寬，而且就在遇到安地斯山脈這個巨大的地形屏障時達到最寬。在那裡它離開亞馬遜河流域，與分別屬於哥倫比亞馬格達萊納河上游，及委內瑞拉奧里諾科河流域的雨林接壤。若要大致描繪特徵，它的形狀就像一顆壓扁的西洋梨，而果蒂就在亞馬遜河注入南大西洋的位置。這個形狀不是隨便形成的，而是有很好的理由。亞馬遜雨林的雨量分布其實很不尋常，它愈朝西部的安地斯山脈就愈顯著增加。事實上這點真的很奇怪，那些雨水不是大西洋上方的雲氣帶進來的嗎？也就是雨量最豐沛的地方，應該在亞馬遜河口附近以及其相鄰的腹地；往西好幾千公里，距海已遠的內陸則應該最少。在面積廣大的陸地上，情況通常是如此。就像北美大陸上與洛磯山脈相鄰的大草原，不僅雨量很少，降雨也不規則，而它在地理位置上，便相當於亞馬遜地區的安地斯山山前地。美國國土面積廣袤的中西部所需要的雨水，應該遠比它真正降下的還多。因此亞馬遜的這個「雨林西洋梨」，確實有解釋的必要。

維龍加山脈

一片山湖交錯的自然景緻，沒有剛果雨林裡那種襲人的酷熱，但仍然有這個全球第二大雨林物種極為多樣豐富的特性——如果要簡短描繪位在中非雨林東側邊緣的這片高地，應該差不多就是如此。或許還得加上 Mazuca amoena 及 Mazuca strigicincta 這兩種夜蛾，牠們翅膀上的花紋圖案，簡直是現代抽象派藝術家的傑作，以及像蠟燭一樣直指天際，與雨林看起來完全不搭嘎的植物。如果要更貼近人們的期待，這張圖也應該包括一群強壯有力的山地大猩猩；牠是人猿總科裡體型最大的生物，探險故事中的樣板，也是動作驚悚片裡的金剛。然而這可真的是大錯特錯。大猩猩是性情溫和的巨人，通常只在家人或自己面對重大威脅時，才會出手反擊；只是當獵人以大口徑槍枝在安全距離外朝牠射擊（沒有任何理由也並非緊急狀態），牠力氣再大也沒用。

不過下頁這張圖的設計與這點無關，它所要表現的是「大地」，是這片赤道非洲大地的自然地質面貌。圖上排成一列的圓錐狀山峰，表明了它們是火山鏈。至於前景的湖泊——這只是本區為數眾多的湖泊之一，其廣闊浩瀚根本無法以圖來展現——則表達出更多含義。一條大裂谷通過了這裡的地殼，於是在靠著山邊或兩山脈之間的位置，形成了許多特別深且特別老的湖泊。它們長達數百萬年的歷史，只有西伯利亞的貝加爾湖能夠超越，而它也位在地殼發生斷裂的地帶。不過非洲的這條斷裂帶，要遠比西伯利亞那條大得多。它始於阿拉伯半島（屬亞洲陸塊）與非洲的交界處，通過衣索比亞高原，分割開相當大的一塊陸塊，然後一路向南通過肯亞及廣闊的東非高

維龍加山脈

地，直到最後再向東折轉，消失在印度洋中。這條大裂谷是地表陸地範圍內最大的斷裂帶，規模之大其它皆難以項背。它是全球板塊運動系統的一部分，只是這種運動所造成的破裂帶，多位在水面之下，也就是經過海洋。破裂帶旁會湧出熾熱的岩漿流，沿著這些地帶則有噴發頻繁的大型活火山。環繞太平洋四周，甚至有一條真正的火環。

而非洲大陸的特別之處，是劃開它的這道南北向破碎帶，其長度是非洲全長的三分之二，正在撕開它兩側的陸塊。在接下來的幾百萬年裡，這裡會出現一座新的海洋。因此我們正在這個從地質史的時間尺度來看永不平靜的地球上，見證著一座海洋的誕生。

長久以來，這種地質作用一直不斷在非洲大陸，釋放出植物生長與動物間接利用所需要的新養分。它是新發展的動力來源。東非高地上的莽原，自百萬年來就有為數眾多的大型動物。這裡不斷出現新的發展與演變，那兩種差異大到再也無法彼此交尾的夜蛾，為物種如何演化生成提供了極其簡單明瞭的示範。只要環境條件有利於此，從細微差異也能演變成迥然不同。在剛果盆地東緣的赤道東非這裡，土壤非常肥沃，降雨充足，各種溪流河湖裡的水源也極其豐富，還有因高度而緩和下來的熱帶暑氣。如果人能夠為自己創造樂園，所能想像的應該也就是這樣的環境了。

人類沒有出現在這張圖裡也有很好的理由，因為如此優越的環境，並沒有使人類更愛好和平與互助合作。盧安達境內的兩支東非民族——胡圖人與圖西人——彼此殘殺，意圖根除對方，也不過是幾十年前的事。這裡經常被美稱為「黑暗大陸的瑞士」，但全非洲沒有哪裡人口爆炸的現象像這裡這般嚴重。不論是能涵養水土、使溪水長流的森林，或原本肥沃的土壤，都遭到愈來愈多的破壞且明顯退化。

那些生活在森林裡的族群，也跟山地大猩猩及許多其他動物一樣，都正面臨滅絕的威脅。歐洲人沒有傳入那種他們藉傳教熱忱想帶給非洲人的文化，反正促使千百年來與當地環境融為一體的地方文化走向崩壞。在歐洲人到來之前，阿拉伯奴隸販子就已經在非洲進行捉人並販售為苦役的勾當。跟隨著外人進來的，還有到處肆虐的疾病。不同的非洲族群四散而去或遭受壓制而滅絕。在各種極盡殘暴的處境中，適者生存成為非洲人彼此之間適用的原則。班圖人的擴張，引發了非洲各部族間版圖的劇烈推移與變動，堪比歐亞大陸的民族大遷徙。在歐洲人瓜分非洲時，這塊大陸就並非處於樂園般的原始狀態，然而殖民主義使一切都變得更糟。天人合一、與大自然和平共處的想像，從未如此令人幻滅，尤其是當你所想像的地方，生活條件明明有如天堂一般。

如果觀察整個水平衡中的水循環作用，事情甚至變得更奇怪。這在亞馬遜地區的運作相當簡單，因為來自大西洋且以雨的形態降下的水量，就跟亞馬遜河帶回大西洋的水一樣多。其年平均總量大約六千六百立方公里，約等於六・六兆公升的水量。然而這樣的水量以亞馬遜河集水區近六百萬平方公里大的面積來計算，其平均面積雨量其實遠低於熱帶雨林的標準。因為要讓一地形成雨林並維持雨林狀態，所需要的降雨量至少是這個的兩倍。

這當中確實隱藏了一個大問題，而我們隨後會談到更多。首先要看的是：為什麼下在遙遠西部內陸的雨，會比靠近大西洋這邊多？事實上來自南大西洋的水，會在亞馬遜地區經歷多次循環。在它終於又流進河裡並回到大海之前，會多次由森林回到空氣中，然後上升、凝結再變成陣雨降下。也就是說，在水從海洋—雲氣—吹送到陸地—降雨—進入河川—回到海洋的這個大循環裡，其實重疊了許多森林自己所製造的小循環。水從森林蒸發而上，凝結成雲然後又以猛烈降雨的型態落下，反覆多次。透過這種方式，遠在安地斯山腳下的內陸地帶，最高年雨量甚至可多達一萬公釐，相較之下，亞馬遜河口鄰近地帶的雨量則只有它的五分之一。

不過這種森林自行造雨的功能，只有在面積夠大時才能發揮。一旦森林被砍伐，並把林地轉變為放養牛隻的草地或栽培大豆的農場，這種極具成效的小循環便不會再發生。於是年雨量會減少，在低於兩千公釐這個關鍵臨界值時，其它剩餘的雨林也會遭受危害，它們會逐漸乾渴枯死並走向毀滅。隨著毀林的規模愈來愈大，以農業利用為目的開發熱帶雨林的後果，影響的不僅是區域、也是全球的氣候。它與在中國、歐洲與美國燃燒化石性能源，同屬全球性議題。

這裡還要提到降雨的另一個效應，而它直接關係到土壤。雨量很多，無可避免地也意謂著強烈的土壤淋溶作用，結果是對樹木生長極為重要的礦物營養成分嚴重流失。土壤在遭受這種驚人雨量的連續淋洗長達數千年後，除了留下像砂粒或某些特定礦物成分這類無法溶解的物質外，根本一貧如洗。以這種熱帶降雨式的淋溶作用，應該不消幾年就足以讓歐洲只剩下砂土，所有可溶性營養鹽都會經由地下水進入溪流，然後完全被帶到海洋中。即使是茂密的森林，在高降雨量下也難以阻擋淋溶作用造成的損失。

然而為什麼這些地表雨量最豐富的地區，還是生長了最繁茂的森林？它們甚至歷史悠久，因為熱帶雨林早在好幾百萬年前就已經形成。它們之中有些還被認為是當今最古老的森林，所以那裡的土壤，不是早就應該極度貧瘠，不含任何可溶性養分了嗎？假如真有例外，應該也是發生在底岩接近地面且正在繼續風化的地方。樹木的根也會參與這種岩石的風化作用，風化製造土壤並釋放來自底岩的營養物質。可是亞馬遜地區絕大部分是沉積盆地，岩石只分布在它的邊緣地帶，像東北邊的蓋亞那盾地與南邊的巴西中央山地。西側是陡降至盆地的安地斯山脈，幾乎沒有任何山麓丘陵地。整個盆地不論往北或往南延伸，皆與開闊平坦的沉降低地接壤，北邊是前面提過的奧里諾科河流域，南邊則是南美州的另一條大河巴拉那。

因此亞馬遜的熱帶雨林，絕大部分都不是生長在多岩層的基底，而是在百萬年來確實飽受降雨淋洗的沉積土上。這種土壤必定非常貧瘠，可是那上面的森林看起來卻完全相反；只看到這種繁茂的洪保德，因此認為它具有最佳生長條件與肥沃的土壤。亞馬遜的土壤，事實上非常缺乏營養鹽，表面也只覆蓋有一層薄薄的具腐植質作用的物質。用釘耙敲打幾下，就可以挖出那下面的砂土或含鋁的高嶺土；只要修建有道路的地方，就能從土壤截面看到雨林是如何生長在淺薄得令人無法置信的表土上，還顯然有辦法成長茁壯。土壤與森林完全不搭嘎，就是它們給人的印象。而且即使有任何看起來還算肥沃的東西，一陣傾盆大雨就會把它沖走。

十四、熱帶雨林如何自食其力？

有關這個根本問題的答案，水能提供一些線索——不管是源自森林的溪水，或經常像瀑布一樣傾瀉而下的雨水。這裡我們還是會先以亞馬遜雨林為例，因為如果能認識地表最大熱帶雨林的狀況，自然也就能了解剛果盆地與東南亞這另外兩大雨林。不過在更深入探究當地的狀況前，我們得先介紹一個早就被發現的現象。亞馬遜地區的河流，可依水色分成三類：白水、黑水與清水。白水並非白色，它帶點乳色混濁，其實更像牛奶咖啡。黑水看起來雖像流動的石油，把它舀進大一點的容器看其實偏棕色。至於清水則就是清澈不混濁。

這些差異意謂著什麼，亞馬遜的原住民印地安人應該都很熟悉，他們甚至是以此來表達不同部族的居住地與人數多寡。這種「印地安模式」，可從水中的礦物含量以及與此相關的肥沃度得到解釋。白水河源自安地斯山，來自高山的礦物碎屑造成它的混濁，每年特定時間或長或短的氾濫期為河岸地區帶來肥沃物質，程度上雖不如尼羅河氾濫，但原理很類似。白水河的氾濫區在亞馬遜被稱為 várzea，這裡氾濫期的洪水可高達十幾公尺，會叮咬人的蚊蚋也很多，但幾百年來，卻一直有歐洲殖民者的後代，與那些被稱為卡布克羅人（Caboclos）[12]的歐、印混

---

12. 譯註：意為「森林裡的住民」，以自給式農、漁業為主，兼具印地安人、歐洲人與非洲人之血統。

血者在此墾殖定居。

至於被稱為 igapó 的黑水河氾濫區，則與此截然不同。洪水在這裡也會暴漲至樹冠，並經常維持在這個高度數星期之久，氾濫過後卻還是無法留下肥沃的河岸。不僅如此，這裡的土壤因氾濫所流失的養分還比得到的多，所以即使大致沒什麼擾人的蚊蚋，卻也不會有人來種任何東西。土壤跟它一樣貧瘠的，還有清水河的河岸。河水不混濁，雖然有利於以弓箭或魚叉捕魚，但水清則魚少，所以這方面的收穫也說不上豐碩。

這些印地安人的祖先數百至數千年來累積的經驗，在二十世紀後半期德國馬克斯．普朗克（Max-Planck-Institut）湖沼研究所所進行的測量中得到了證實。研究者發現清水河與黑水河都極度缺乏電解質，也就是那些可做為導電離子的可溶性礦物成分。水中量測到的導電率，是顯示其電離子含量的良好指標，而植物所需的營養鹽就是這類離子。黑水河暗褐的水色來自腐植酸，這種物質是植物生長無法利用的，而我們通常是從水色偏褐的沼澤湖泊認識到它。白水河則不同，它幾乎含有植物所需的每一種離子，例如鉀、鈣、鎂與磷酸鹽離子，而這些是來自安地斯山風化的岩石。不過這裡的岩石風化物，其實不如衣索比亞的肥沃多產（尼羅河的兩條主要支流即發源於此），因為亞馬遜河的集水區裡沒有火山。火成岩遠比石灰岩、砂岩或花崗岩肥沃，這也是東南亞大部分雨林區與其他地方最顯著的差異。熱帶研究學的專家恩斯特．約瑟夫．菲特考（Ernst Josef Fittkau）根據這些發現製作了一張亞馬遜地區的生態圖，呈現出一種河川三分法，分別是白水河作為「安地斯山之延續」，與來自黑水河及清水河的流路，在這三種區塊之間，則是亞馬遜中部面積廣大的雨林。但孕育出這片森林所需要的養分，究竟從何而來？

有更多發現為這個問題提供了線索。例如科學家為精確分析水的成分所測量的導電率，顯示出亞馬遜地區某些林間小河的河水居然還比雨水更純。它甚至不含一點鈣或鎂，連其他礦物成分的含量，也都只在勉強能驗到的臨界值。在一條這樣的林間小溪裡洗手，只要沾一點肥皂，就足以產生多到無法遏止的泡沫。這個奇怪的發現，事實上背後的問題很嚴峻。極度缺乏礦物質，會讓人牙齒損壞、骨質流失，而熱帶悶熱的環境，更讓人因流汗損失過多鹽分而渴望鹽。水中的礦物成分過低，也意謂著某些水生動物的身體有吸收過多水分的危險，因為當牠體外的水鹽度遠低於體內，滲透率便會產生落差，而為了避免過多水分滲入，牠會迫使自己的身體近乎防水，否則得不斷排出過多水分，非常耗費能量。這也充分解釋了，為什麼像巨骨舌魚這類皮膚有如鎧甲的魚，偏偏就普遍分布在亞馬遜地區，而且是水裡的贏家。此外，滿口利牙的典型掠食性魚類會吃樹上掉進水裡的果實，也非常合理，因為牠們可以從這類食物中獲取礦物質，以補充在這種環境下無可避免的損失。

不過整座森林，其實也無可避免地在流失它的礦物鹽類。至於到底流失了多少，則可藉測量離開森林後的水體之電解質得知。即使每立方公尺只含幾毫克，它也一點一滴、年復一年地從亞馬遜雨林裡流失，然後被帶進南大西洋。所以在地力不斷流失的情況下——除了白水河的河岸地帶之外，因為這裡每次氾濫，都會得到來自安地斯山的養分補給——亞馬遜雨林不是應該要逐漸營養不良死去嗎？

更多研究的發現，讓這個問題的答案愈來愈清晰。大部分生長在亞馬遜的「固定土地」上，也就是它面積廣大的非氾濫區裡的樹木，都發展出一種向四面八方水平擴展的根系，與一般認為它能特別深紮在土壤中的想法完全不同。一場普通大小的雷雨風暴，便足以把一棵大樹撂倒，連那些經常長得非常巨大的板根與支柱根，都沒辦法穩固地支撐它。在此同時我們也從豐富廣泛的雨林研究中得知，其貼近地面擴展的根系，作用就像一個巨大精密的過濾器，而樹木便是以此來攔截吸收落葉或倒木分解後釋放出的礦物成分。這種養分的循環再利用過程真的很短，在其中協助它進行的便是纖細無比的真菌菌絲。在我們所熟悉的土壤中，負責儲存這些分解物質者是腐植質，也因此它被認為特別肥沃。然而熱帶雨林的土壤沒有腐植質，因為樹木的根，立即吸收了所有在分解與礦化作用中釋放出的物質。樹木的葉與根之間，構成了一種緊密的循環系統。

當然這還是無法完全阻止植物所需的養分因雨水而流失，因為水量實在太大，降雨強度也太強。林間小溪貧乏的礦物含量，指出了這種無可避免的損失。而雨林裡的樹木如何取得平衡，只要看看它的葉子與樹冠，便可得到線索。那些「坐」在它樹冠上的植物，幾乎都是我們最熟悉的室內或裝飾植物，例如蘭花、鳳梨科植物或蕨類。在德文裡它們被有點拗口地慣稱為「坐在上面的植物」，其實也就是附生植物。它們的根莖沒有觸及地面，也沒有鑽進樹木的枝幹裡，所以不像寄生植物會吸取樹木養分，而只在樹上靠「吸空氣」維生——這點完全名符其實：因為它們不僅像絕大部分植物那樣，會從空氣中吸收二氧化碳，也吸收那裡面的水分與必需的礦物養分。雖然要以這種方式活著，它們得維持很低的需求，但它們的出現與常見卻也表明，借道空路而來的礦物鹽類顯然完全充裕。

只要更仔細觀察，我們甚至還看得到許多附生在樹葉上的小型或微型植物。它們像一小片草地那樣生長在葉面，讓有些大型樹葉看起來好像布滿斑點，而且這很可能也是滴水葉尖發展出來的重要原因之一。這樣的葉尖能讓雨水更快從葉面滴下或流走，如此一來那上面的迷你附生植物才會不斷枯死；這可以避免它們生長過密，對雨林樹木的葉子造成危害。另一方面，這些葉面附生植物透過其龐大的總表面積，從雨水中過濾出特別多的礦物養分，這點對樹木倒是有利的；在很大的程度上，甚至比那些大型附生植物更有用。後者通常只會偶爾在雷雨風暴中被颳落地面，然後樹根或許還能從它們身上吸收到一些營養。

這裡空氣中的礦物成分究竟從何而來，一直到二十世紀後半都還無人知曉。是來自被信風或暴風颳來拍打在海岸的浪花嗎？還是來自南美洲東北及東南部、有著廣大裸露地面的乾燥區？都有可能。然而化學微量分析的結果，卻指向一個要遙遠得多的來源地。那些從空中為亞馬遜雨林施肥的礦物成分，是信風遠從撒哈拉沙漠挾帶來的。有時

候當沙塵暴特別強勁，大範圍的天氣狀態也許可時，甚至連中歐地區都能體驗到一部分這種來自撒哈拉的沙塵現象。此時降下的雨會偏褐到黃褐色，在過去迷信的時代，人們把它稱作「血雨」，而它顯示出沙塵裡有含鐵化合物。

根據測量的結果，隨著信風由非洲穩定吹向亞馬遜的沙塵量，不僅能與因河水沖蝕與搬運而損失的量達成平衡，也確實含有雨林裡的樹木生長所需要的礦物養分。那些主要是磷、鉀、鎂，但也包括鈣、鐵及一些微量元素。因此我們可以誇大一點地說，絕大部分的亞馬遜雨林根本只是「站」在一片幾乎已無法再提供給它任何養分的土地上，而且是以它的樹葉與根部組織從空氣中吸收養分。就這點而言，熱帶雨林的表層很類似高位沼澤，因為它也是從空氣中獲取養分。高位沼澤下那些死去植被積累而成的泥炭，主要功能就是做為底部基礎與蓄水。

而熱帶雨林的這個特點，當然對它的利用方式有所影響。你沒辦法就這樣把樹木砍掉，然後在那上面種植玉米或小麥。沒有任何人會懷疑這在高位沼澤上行不通，但在熱帶雨林區，很多人卻不想認清這點——尤其是那些持有雄厚國際資金的大財團。關於這方面，本書第二篇會著墨更多。

讓我們簡短總結一下，熱帶雨林在土壤、水平衡與礦物成分供給上的特徵。首先不管是亞馬遜，或非洲與東南亞大部分的雨林，其實都是生長在一種以歐洲標準來看，簡直完全不毛的土地上。再者，事實證明面積廣大的雨林，有能力自己維持雨林氣候；水在再度回到海洋之前，會以降水形式在森林與大氣之間多次循環。最後，不管是蘭花、其他附生植物或甚至是葉面上的微型附生植物，都不是一種多餘的奢侈（即使有些蘭花在我們眼中確實有這種效果），而是表明此處的養分主要來自空中。在這三種與其它特性的共同作用下，熱帶雨林呈現出一種複雜且內在極其封閉的生態系統。鑒於它幅員的廣袤，亞馬遜所達成的平衡狀態特別令人印象深刻；來自撒哈拉的沙塵，彌補了它無可避免的損失，那是它以平均每秒超過二十萬立方公尺的巨大流量，連帶沖刷進大西洋的損失。假如歐洲的農業也是一個如此高效的封閉系統，那易北河、萊茵河或多瑙河注入北海及黑海的水，應該會有等同於飲用水的水質，而不會在土壤及地下水中留下任何有毒或有害物質。這樣的資源回收，簡直讓人夢寐以求！亞馬遜的印地安人，是如何面對這樣的環境呢？

十五、人類在雨林中的生活

亞馬遜的印地安人在與歐洲人接觸前，大多以狩獵與採集為生，尤其是那些隱居在雨林深處的部族，更是在傳教士、採膠工人、淘金者與墾殖者最後都來到這裡時，都還維持著這樣的生活方式。不過根據較新的研究顯示，其實早在數千年前，亞馬遜河岸就已經有相當廣泛的農耕活動，「黑土層」（terra preta）的存在便能證明這點。然而這當然還說不上是一種大範圍開墾。即使亞馬遜河過去幾千或幾百年間的氾濫現象，經常能達到近年那樣的規模（儘管全球氣候有較濕潤與較乾燥期之分），它也絕不可能出現像尼羅河那樣的大河綠洲文明。

黑土層被發現的地點，大致與被稱為 várzea（洪氾區）的區域吻合，也就是白水河會定期氾濫並帶來新營養物質的河岸。就這點而言，那些早期對亞馬遜地區印地安人的人口估算，可能都太過偏低。不過即使向上修正，這裡的人口密度當然還是遠不及尼羅河岸那樣密集。況且當聚落都只局部沿河岸分布，背後廣大的腹地，即「固定土地」上的森林，也都只是偶爾活動的區域或甚至幾十年沒利用過，計算每平方公里有多少人其實也沒有多大的意義。這種情況與面積廣大的沙漠相當，那裡的人口只集中在綠洲與某些谷地與山塊，通過的商隊停留也都很短暫，以沙漠之遼闊根本毫不重要。我們大概可以藉此來想像亞馬遜廣大空間裡的狀況。

但人類在雨林的生活全貌，是由眾多小型聚落共同組成，而它們並非只位在河邊；有些村落特別是位在從完整雨林過渡到莽原的邊緣地帶那些，所展現的是早就為人熟知的游耕模式。人們會選一小塊地（面積經常不到一公頃），清除掉上面的林木，然後用來種點東西。其實它更像「菜園」，而不是我們一般所說的耕地。此外，在歐洲人來到這裡之前，亞馬遜地區並沒有香蕉這種因為好種、長得快又可直接食用，所以非常重要的作物。亞馬遜邊緣地帶最重要，而且很可能就是在這裡被馴化的作物是木薯；木薯特別值得一提，是因為它對當地居民意義重大，且令人驚奇地成為提供植物澱粉的主要來源。這些清理後的小塊空地上，也會栽種一些小型棕櫚科作物。由於它們通常沒辦法在幾年內就結出果實，因此那些印地安人會先照顧這塊地幾年並牢牢記住它的位置，以便日後這些樹木成熟到有果實可採收時能重新找到這裡。種玉米則相對簡單得多，不過收成一直都很少，一來亞馬遜的土壤對玉米來說太過貧瘠，再者玉米本身缺乏防護物質（如毒素），也容易招來蟲害。

以上敘述已足以表明，印地安人並非只要清出一塊地，就可以隨意種出他們想要或需要的東西。在貧瘠的土地上，作物不可能旺盛生長，尤其是就長期來說。於是每年或每隔幾年，他們就得換一塊新開墾的土地，因為單一塊地很快就會付出僅有的地力。它通常只有一、兩年的好光景。

而這種處置林間墾地的方式，對印地安文明相當有益。他們不是乾脆把整塊森林清除，而是大致砍伐，然後放火焚燒。較大的樹幹還是留在地面，反正也沒有其他用途。會被當做建材的，只有那些大小適合用來支撐茅屋、充當樑柱者；此外，棕櫚的枝葉可層層覆蓋為屋頂，細小的枝條則是生火的材料。印地安人在得到斧頭或二十世紀的那種汽油鏈鋸之前，本來也就不可能砍掉較大的樹；許多樹木的材質是如此堅硬，石器工具根本無從下手，只能在樹皮上刻出環形凹痕以讓它死去。這些樹材貯滿矽酸這類物質，被稱為「鐵木」或「斧頭剋星」，在熱帶以外的地區則是評價很高的珍貴熱帶硬木。在焚林的大火中，這塊沒有真正被清除、只被處理到「可燃燒」的地，會把儲存在所有植被中的礦物成分，都化為灰燼釋放出來。而這為即將栽種在這塊新墾地上的作物，預先施了肥。

讓我們暫時回來看看熱帶雨林的基本生態結構。那些被樹木獨占的養分，都穩穩儲存在它們的樹幹中。土壤相當貧瘠，而且幾乎沒有腐植質，因此對雨林裡的印地安人來說，開墾的目的必然是把被儲存起來的礦物成分釋放出來。他們沒辦法等待那些硬木腐朽，這根本曠日廢時緩不濟急。唯一的可能性是小心地讓它燃燒，以盡量少製造飛灰並留下許多半碳化物質，而降雨會逐漸把這些物質中的礦物成分淋洗出來。作物的栽種是以手持木鏟來進行，雖然看起來不是特別進步，這種耕種方式卻被證實最順應當地的環境，因為土壤表層並沒有被大範圍挖掘翻動，大雨也就不會立刻把那些灰燼帶走。想辦法讓儲存數十年的營養物質可持續利用幾年，是這種耕作方法所面對的最大挑戰。這意謂著在短短幾年內，當地土著無可避免地得換另一塊地來開墾。這是游耕，並非永久性的耕作。值得再次強調的是，一塊這樣的地的可能使用年限，大約是那上面長出森林所需時間的十分之一，或甚至百分之一——假如這塊地非常貧瘠。也就是它被用來栽種作物的那兩、三年之前，至少花了兩、三百年的時間來長成這片森林。

熱帶雨林的生態循環具有高度的封閉性，而在此很適合指出它最重要的影響：一個這樣的系統，不會產生有用的剩餘。生態系統愈接近平衡的狀態，剩餘就愈少。農業只有在製造出高度不平衡的循環系統時才能運作，即使在熱帶森林裡也一樣。

游耕的系統基本上維持著一種接近雨林循環規律的運作方式，僅短暫以火打破規律，將森林所儲存的養分釋出，以讓作物快速成長。而最適合這種環境的作物，就是相對長得快且對土壤與微氣候要求不高者。它們必須經得起烈日曝曬，能忍受高強度降雨，還得能熬過偶爾的乾旱或洪水氾濫。這類植物與典型的雨林物種，特別是樹種，迥然不同。因為雨林樹種生長緩慢，所以材質堅硬，很少開花結果，而且發展出能保護自己避免被動物吃掉的各種毒素。少了這些，像人類所栽種的許多農作物，它們就會變成無數動物的理想食糧——從會以嚼碎的葉子在地下蟻室培育真菌的切葉蟻，到各種不同的毛毛蟲、甲蟲的幼蟲，當然還有猿猴與鳥類。

隨著焚林墾地短時間排除養分缺乏之障礙而來的，除了大批覬覦地上作物的動物大軍，當然還有其它植物的強大競爭，它們也使出渾身解數，想利用這難得的養分與陽光讓自己茁壯。這裡溫暖濕潤的氣候對植物生長根本再理想不過，照顧那些農作物也因此意謂著一場持久戰。不管過去或現在，人類在雨林裡的生活從來都不是安逸舒適的。他們花在耕種上的時間與心力（這部分大多由婦女來承擔），與男人在狩獵上所付出的相當，因為野生動物也很稀少，而且也是基於同樣的原因：在大致封閉的森林生態循環中，動物所能得到的也非常有限。

讓我們記住這點：動物的總生物量，在比例上經常只是植物總生物量的一小部分。況且其

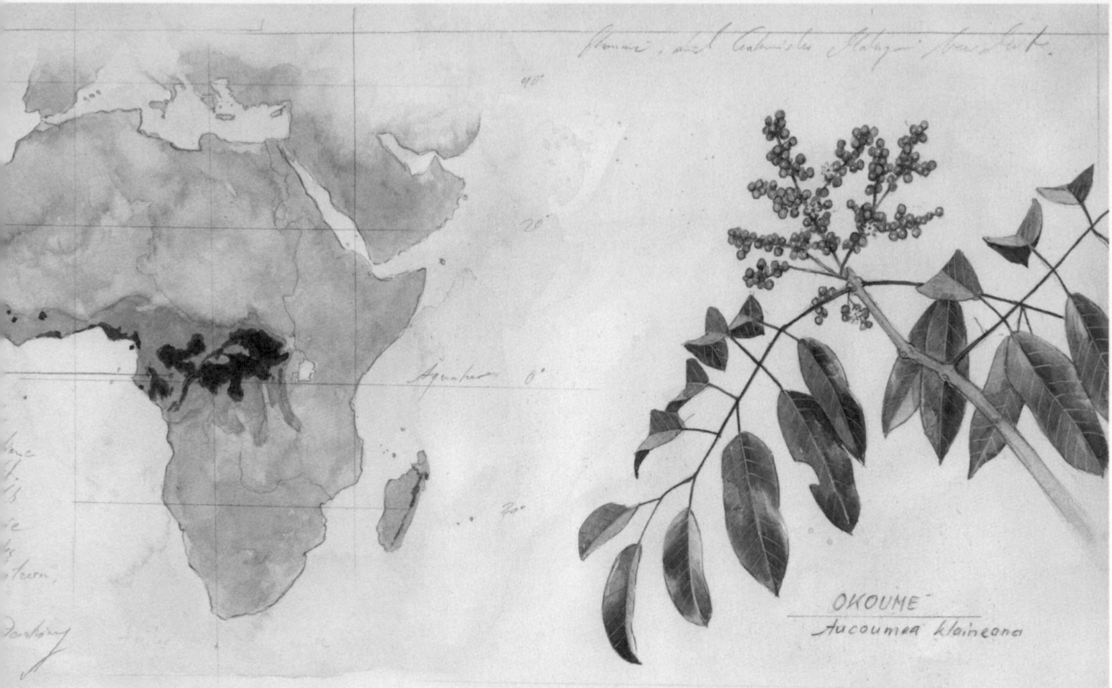

Von der Elfenbeinküste im Westen bis zu den Virunga-Vulkanen im Osten überzog tropischer Regenwald die äquatoriale Tieflandsregion Afrikas. „Das Herz der Finsternis" hatte der Schriftsteller Joseph Conrad diesen Wald genannt, den der mächtigste Fluss Afrikas, der Kongo, durchzieht. Für die Europäer steckt dieser Wald voller Geheimnisse und Gefahren. Zwergwüchsige Menschen, Pygmäen, leben in den oft sumpfigen, fieberschwangeren Wäldern. Eine Vielzahl von Krankheiten erschwert den Zugang. Aber Afrikaner der Bantu-Gruppe drängten in die küstennahen Wälder und aus den Savannen in den afrikanischen Regenwald. Große Teile davon sind gerodet und in ertragsschwaches Kulturland umgewandelt, in dem stets Fieber drohen, wie das gefährliche Ebola-Fieber. Regenwaldtiere werden als „Buschfleisch" gejagt, was den Kontakt zu Krankheitserregern tierischen Urspungs fördert. Edelhölzer wie die Okume werden genutzt und exportiert. Anders als im amazonischen Regenwald leben in den Kongowäldern aber auch solch große Tiere, wie Waldelefanten, Büffel und das zu den Giraffen gehörende Okapi. Viele Pflanzen sind auf ihre Wirkstoffe noch nicht untersucht und vielleicht von großer Bedeutung für die Menschheit.

GABON
2020

中至少有一半以上，是螞蟻和白蟻這類並不特別適合人食用的動物，而同屬這類的，還有毛毛蟲、甲蟲、蟑螂之類的蜚蠊目昆蟲、蛾、蜘蛛、青蛙及無數其它小型動物。真正適合獵食的較大型動物，只占原本就已經很有限的動物總生物量中微乎其微的一部分。它們對這裡的獵人和採集者是一種補充，其所提供的動物性蛋白質可稍微平衡這些人平時缺乏蛋白質、以澱粉與糖分為主的飲食基礎。澱粉與糖是他們日常能量的主要來源，例如香蕉與所有香甜可食用的果實，還有真正優質且富含澱粉的木薯。不管是亞馬遜的許多印地安族群，或那些沿河定居的墾殖者卡布克羅人，木薯都是他們主要能量來源的代表食物。

不過木薯有毒，毒性還甚至很強。與馬鈴薯不同，它的塊根在這裡是被磨成粉來食用，其製作過程既複雜又費時，磨成粉後得用水浸泡除去毒性，為了濾出水分，印地安人還特製出擠壓工具。總之，在把木薯處理成鋸木屑般大小的粉末並可儲存前，得花上大把時間。木薯因此可說是如何利用植物為糧食的典範，只有在小心翼翼除去毒性後才能食用。

唯一較大的例外是果實。它們就是「應該」要被使用，因為如此一來種子才能傳播出去，也或許才能在森林某處發芽並成長茁壯。鳥類是樹冠層上的小果實最重要的使用者與傳播者，較大較重的果實則會掉落地面，例如巴西堅果，然後被西貒或刺豚鼠這類哺乳動物發現並拖走。為此那些動物也必須不停地在森林裡四處走動搜索。

印地安人狩獵與採集的生活方式，完全順應熱帶雨林的環境；這種規模很小的游耕農業也是，因為它所複製的，是當風暴把一棵或更多棵原始森林裡的巨木摺倒時，接下來會自然發生的事。新生命會爭先湧現在這樣的林間隙地裡，不過那只是曇花一現；很快地這塊空地會再度密合，森林又會融為一體。絕大多數植物——包括出現在空地上的——身上的毒素，會阻止毛毛蟲、甲蟲或椿象這類食客立即大量繁殖。於是這樣的矛盾產生了，人類置身熱帶雨林幾乎毫無歲月的永恆中，卻只能以短暫變動的方式生活著。為此，他們需要火。

十六、火之行星——焚林墾地與生物多樣性

人類需要火。懂得利用火，比任何一種技術都更能展現人類在生物與生態上的特性。在生物方面，因為食物在烹煮後更好消化也更容易利用，沒有烹煮過的肉，我們可能無法發展出大到如此不尋常的腦容量；沒有澱粉食物烹煮後較易吸收的卡洛里，我們也無法滿足大腦的能量需求。人類大腦所花費的能量，是我們每日基礎代謝值的百分之二十，雖然它最多只占我們身體質量的百分之二。至於生態這方面，則是因為用火讓人類得以改造自然，使它變得更具生產力，以滿足我們的需求。人類透過用火不斷製造「失衡」，以焚燒讓地表重回一種全新生長的起點狀態。焚林開墾取得耕地之所以可行，是因為地球在本質上就是顆火的行星。使地球出現生命的並不是這顆行星本身，而是包覆著它的那層薄薄的大氣。

這樣說或許讓人有點訝異，甚至覺得奇怪，但它確實卻比任何其它概括性說法都更能點出地表生命的特性。因為生命的基礎，是奠定在一個只有空氣耗盡時我們才察覺得到的作用上。而且這裡的「空氣」，指的是在比例上占空氣近百分之二十一的氧，而不是對我們呼吸毫不重要的氮，或目前含量雖明顯增加比例卻仍屬稀少的二氧化碳。對我們來說，氧氣最具關鍵重要性，它保存了生命的火焰，而我們稱這個作用為呼吸。不過吸入氧氣並吐出二氧化碳，只是呼吸外顯的最後步驟；它最重要的內部作用，是燃燒我們所攝取的食物成分，而我們就是從那當

中汲取生命的能量。

這個作用所呈現的過程，正好與發生在綠色植物身上的光合作用相反。光合作用是製造有機物質——尤其是糖，並排放出氧氣。理論上氧氣會「燒掉」整個地球，假如生物體沒有避免氧氣侵入或僅容許少量必要氧氣進入的保護機制。不過無機部分的自然界確實是「燒掉」了，也就是化學家所謂的氧化；當這種現象發生在含鐵岩石上，我們也可以叫它「生鏽」。地表大氣含有五分之一強的氧氣，是光合作用的結果，它使地球表層變得可燃。可是這點為什麼在這裡很重要？在整個籠罩於地表上空的大氣層中，氧氣無所不在，從北極到南極都有。而火的剋星，眾所皆知就是水。

而這正是事情的起點：充沛且全年平均無明顯乾季的降雨，保護了熱帶雨林免受火吻。雨林本質上就是不易燃的，即使是最猛烈的雷擊，也無法在這裡引發林火，這點幾乎所有其它森林都一樣。不過能在防火程度上與熱帶雨林相提並論的，就只有幾個面積較小的非熱帶海岸雨林。這也是為什麼它們如此特別，因為連極區的苔原在夏天都有燒起來的可能。所有的草原偶爾都會遭受火吻，較乾燥的森林當然也是。所以保護我們的森林免遭祝融，其實是違反它的自然天性。而會這麼做的理由，一來因為它是私人產業，其所蘊藏的木材具有利用與商業價值；此外聚落、田野與交通設施也應受保護，以免遭受林火波及。長遠來看，完全遏止林火對森林並沒有好處，只是這點有關野火生態的認知，因為有違政治及社會準則，在德國幾乎全然被忽視。不過這改變不了它是正確的事實，但也不能否認聰明管理林火，可以避免發生像二〇一九年澳洲野火那樣的真正災難。而這種災難，在地中海地區已是司空見慣。

林火之所以會發生，是因為森林生長過程中，會逐漸在地面堆積出許多乾枯未腐爛的物質，而這會延遲森林更新（也可稱作「回春」）的速度。在一座被密集利用的經濟林裡，木材會被人完全從地面移除，也就是從能量循環的過程中被抽離，因此砍掉木材的效應，與發生林火是全然不同的。假如木材並不是用來當燃料而是當建材，那裡面的二氧化碳便可較長久地繼續被儲存起來。但是人類透過持續燃燒地球遠古時代留下的植物性產物，像煤炭與石油，所釋放到大氣中的二氧化碳，已經遠遠超過把木材當建材所儲存起來的量。所以保留成長中、也就是尚未真正變老的森林，讓它們繼續生長，應當是我們這個時代該做的事，因為這些樹把二氧化碳儲存在它們的木材裡。

這些考量與熱帶雨林密切相關。首先，它關係到一個問題：大規模焚林墾地破壞雨林，對全球氣候的影響有多大。再者，它也澄清了一個誤解：如果能保持雨林完好無缺，它將為我們供應氧氣。

熱帶雨林經常被稱為「世界的綠色之肺」。然而這個比喻其實並不恰當，嚴格來說它甚至是錯誤的，因為肺會吐出二氧化碳並吸入氧，但森林剛好相反，它是排出氧氣並吸收二氧化碳。即使單純只針對氣體交換來說，這個比喻還是有明顯的弱點。因為人們通常都不提平衡問題，然而真正重要的應該就是：只有一座正在成長、即生物量遞增中的森林，才能提供比它自身所需——透過分解與呼吸作用消耗——的更多氧氣。成熟且處於絕對平衡的森林，既不會吸收超過自己所釋放的二氧化碳，也不會排放出多餘的我們用得到的氧氣。也就是說，它的光合作用（蓄積）與呼吸作用（消耗）處於均衡狀態，互相抵銷保持平衡。因此我們需要（已長成的）熱帶雨林，並不是因為它能提供我們氧氣。

而且也不會只因它處在一種均衡狀態，破壞雨林對全球氣候就無關緊要。毀林的行動破壞了這種均衡，釋放出千百年來森林透過生長所吸收儲存的二氧化碳。跟幾千年來將二氧化碳積累在泥炭中的沼地一樣，熱帶雨林也在同樣漫長的時間裡蒐集著碳；把它砍掉就等於把碳燒掉，不同的只是沒有產生任何用途稱得上合理的能源。這裡回到如何面對雨林破壞的問題：我們可以把印地安人在進行游耕前的焚林墾地，比喻成爐灶裡受控制的火，然而當前所採取的大規模焚林，卻是種深具毀滅性的地面火災。它讓人不能再以這是某國自家事務為理由，因為每個熱帶國家都是全球共同體的一份子，面積廣大如巴西者更是。

印地安人與非洲、東南亞雨林裡其他原住民所採行的小型火耕，與當前這種大面積的焚林墾地，還有一點我們尚未提及的差異。這些土著族群對森林所造成的「侵擾」，促使且確保了它的生物多樣性。然而今天將雨林大舉變更為畜牧用地或栽培園，以種植油棕、大豆或可取得生質酒精的甘蔗，則相反地摧毀了生物多樣性。現在我們應該進一步探究這點，以理解熱帶雨林對保存地球豐富多樣的生命，為何有著如此突出的意義。

2

第二篇

消失中的雨林

一、人與森林

一九九〇年代初的某一天，我人在潘特納爾濕地（Pantanal）的北部邊緣某處，這是南美洲最大的濕地，幾乎就位在這塊大陸的地理中心。在長得無比低矮稀疏的灌木林叢上方，是一片萬里無雲的穹蒼。站在山丘頂上眺望，你看不到這片灌木的明確邊界，它消失在遠方地平線氤氳的水氣中；也看不到人蹤，連一點有人居住的跡象都沒有。比起二十年前，一切似乎都沒有改變，當時我也曾站在類似的位置，只不過是更東邊約一百公里處，為了尋訪不久前才與外界有所接觸的夏凡特族（Xavante），一支生活在欣古河（Xingú）源流區的印地安人。

在剛剛見識過巴西馬托格羅索州快速成長的首府庫亞巴（Cuiabá）之後，我發現這片廣袤遼闊的荒野還保持著它原始的面貌。在一星期內，我將飛越它的上空到亞馬遜雨林邊緣的一個農場區，以討論能否在那裡發展一種較友善環境的自然生態旅遊業。

在山谷淡淡的偏藍色調的霧氣上方，有紅頭美洲鷲在盤旋著。我從望遠鏡中認出了牠那總是帶點晃動的滑翔姿態，雙翼則以平V字型展開。在紅頭美洲鷲上方遠遠更高的空中，還有幾隻雙翼水平伸展、看起來像鵟鷹的猛禽在盤旋。因為實在離得太遠，我根本無法辨識出牠們的種類。在一座小峽谷上空，則有兩隻巨嘴鳥在飛行，那又長又大的嘴喙，讓牠們看起來有點頭重腳輕。還有不知道從哪裡，隱約傳來鸚鵡粗嘎的叫聲。

然後就在我抬頭望向正在我頭頂盤旋的雨燕時（牠們看起來就像歐洲普通樓燕），突然發現自己站在雨中。那是一種極其詭異的雨，事實上看起來更像大片人片落下的雪花，不過在攝氏三十三度的氣溫中，這當然完全不可能。偶有一些更大片的「雪花」摻雜在「細雨」中，讓我終於能接住其中幾片。那是灰燼。而且確實愈來愈像在下雪，因為那「灰燼雨」變大了，從萬里無雲的碧藍天降下！意識到這點，猛然摧毀了我對馬托格羅索州「無盡曠野」的冥想。在被氤氳水氣吞沒的地平線那邊，森林正在燃燒，兇猛的烈焰正在吞噬大地。那火勢是如此巨大，竟在衛星影像上製造出火紅的斑點。而且這裡在著火，那裡也在著火，從玻利維亞東部越過巴西的朗多尼亞州（Rondônia）與北馬托格羅索州，直抵亞馬遜州東南部。

那微弱的朝東南方吹的風，挾帶著雪花般的餘燼飄了數百公里，甚至可南下直達潘特納爾濕地區。此時是南半球冬天的乾季，因此也是火神肆虐之時，不僅很大一部分的熱帶到副熱帶南美洲都正遭逢火災漫天烈焰，南部非洲與馬達加斯加島也是。《燃燒的星球》，幾年前的《明鏡周刊》（*Der Spiegel*）就曾下過這樣的標題。一九九二年十二月，當聯合國為保存地球生物多樣性與其永續利用，在里約熱內盧舉行「地球高峰會」，拜此時衛星航照圖易得之賜，世人才發現，原來南半球每年遭受火吻的面積，相當於一個澳洲那麼大。雖然那當中絕大部分的火都燒在莽原、乾草原或灌木林區，但由於它年復一年的發生，因此還是會削減土地生產力，而不像地面若聚積太多未分解的可燃物質，一旦燃燒會促進地力那樣。

幾天之後，庫亞巴的機場白天關閉了，因為鄰近灌木區大火的煙霧遮蔽視線，使飛機不能起飛也無法降落。就只有在夜晚，定位燈還足以辨識。我在飛往巴西利亞轉機，與再繼續西行飛向亞馬遜南部的航程中，不僅從空中看見地面大大小小的許多火場，也目睹為飼養牲口與栽種大豆所開墾的林地規模之大。而那次所要評估的雨林區，也因為與焚林開墾區太過接近，地面已完全乾燥化，許多樹出現了落葉的現象，即使它們應該都是常綠樹。森林裡的小溪也都已乾涸，而其乾涸的程度顯示出，即使在雨季它也已經幾乎得不到水。這個地方寥寥可數的飛禽——主要是像鸚鵡或巨嘴鳥這些會飛得很遠的鳥，與僅剩的數量少得簡直可憐的猿猴、南美浣熊及其他幾種森林動物，根本完全不適合發展生態旅遊。這裡已經遭受過度破壞，焚林濫墾的後果在許多地方正加速浮現，它們影響著相鄰的區域，使那裡也變得容易起火。那背後牽涉到整個系統。

幾個月後，我與德國當時的環境部長克勞斯・托普弗（Klaus Töpfer）一起造訪了東南亞、澳洲與紐西蘭。這趟行程是一九九二年里約那次環境高峰會的籌備之旅，而印尼之所以成為其中很重要的一站，是因為這個聯合國會議也牽涉到熱帶雨林的保存。我們從雅加達飛往婆羅洲，那裡有人會向我們展示一種不僅號稱、也經官方認證為「永續」的雨林利用方式。他們只砍伐森林裡較具經濟價值的大樹，較小的樹則會被留下，繼續慢慢長大。這種利用方式想呈現的，就是熱帶的永續林業經營。

可惜這趟主要以直升機來進行的短暫參訪，即使具備基礎知識、眼睛還算訓練有素，但所見所聞還是太少，不足以做出判斷。不過在飛越當地遼闊的海岸地帶時，可看的東西倒是不少：比如油棕栽培園，從高空看起來像排列混亂的甜菜田；還有大塊大塊被砍伐過的林間空地，與顏色泥濘不堪的溪流。這趟森林之旅的高潮，是拜訪一處長久以來——究竟多久似乎已無人知曉——就已經有地下煤礦床在燃燒的地方。這個礦床上方覆蓋著厚厚的泥炭層，我們參觀的地方是它的破口，會不斷冒出顏色偏藍、聞起來很刺鼻的煙。沒有穿戴石綿隔熱材質的特殊裝備，你根本到不了它真正的煙囪坑道。不過即使必須隔一段距離，這種現象也完全讓人印象深刻：地底下在燃燒的雨林，以及最強烈的熱帶降雨也澆不熄的餘火。還有哪一種印象更能說明熱帶雨林的強韌？而我們是在回程時，才真正意識到它的一個附帶效應：這個燃燒的煤礦層區附近沒有吸血螞蝗！在東南亞地區，沒有其它動物比牠更具代表性。

伴隨著關於這兩個對照如此鮮明的記憶而來的，是有關非洲雨林全然不同的印象。因為在我的記憶圖像中，南美洲的灰燼雨與吞噬亞馬遜雨林的大火，都沒有人類。一九八〇年代時，我曾在秘魯安地斯山腳下的亞馬遜地區，遇到為數可觀的移墾者，不過當時他們的數量還沒印地安人多。在東南亞時，雖然我們從人擠人的大城雅加達，來到同樣擁擠的省會，但在婆羅洲的「永續利用」雨林裡，卻也幾乎沒有看到伐木工人之外的任何人。然而在非洲，情況就不同了。在非洲熱帶雨林，也就是維多利亞湖附近的肯亞卡卡梅加（Kakamega）森林最東緣，密集居住著許多人口。那裡的街道上行人絡繹不絕，他們或行走或騎著腳踏車，載著形形色色成捆的東西，拖著各種年齡大小的孩童。前面說過，盧安達與蒲隆地這兩個東非小國的人口密度，是德國的兩倍有餘，但剛果盆地的人口密度就遠低得多。或許遊歷過這裡的約翰・布蘭登

叢林

叢林有許多面貌。有些真實毫不掩飾，有些則戴上了面具，我們用故事或書寫製造出來的面具——就像吉卜林在他的《叢林奇譚》中所描寫的印度熱帶森林。他在書中所描寫的生活場景，在現實上並非原始叢林，而是數千年來早已被人類利用並改變過的森林。然而強調這點，並沒有貶低這本書作為世界文學名著的魅力，也不會削減它的奇幻魔力。那是由印度森林裡的大象與老虎，由動作無比敏捷且聰明得叫人驚奇的猴子——即長尾葉猴（Hanuman Langurs），由豐富多樣的鳥類，像最華麗也最吵鬧的藍孔雀，所共同散發出來的魔力。其實這種因氣候被稱為季風林的「叢林」，在我們面前展現出兩個非常顯著的特點。首先最一目了然的是：眾多的人口與多樣的自然，在這裡能長期和諧共處，沒有出現物種大量滅絕。再者，在叢林邊緣地帶，物種普遍特別豐富。因為在印度的森林區裡，林地與開放性土地經常密集穿插交錯，而且這個邊緣地帶，完全依循著印度次大陸上的氣候趨勢，從南部的濕熱，一直延伸到西北部宛如沙漠般乾燥的氣候。

印度叢林與非洲剛果雨林非常相似，這裡不僅有印度象、花鹿、羚羊，甚至也有與生活在歐洲者同屬近親的野豬。此外，這裡還有巨蟒，毒性很強的眼鏡蛇，尾巴攻擊力叫人退避三舍的蜥蜴，數不清的繽紛鳥種，以及美得叫人心醉的蝴蝶。由於季風氣候有明顯的乾、濕季之分，印度的森林在生產上，有著我們所熟悉的豐裕期與匱乏期交替。雨季和乾季，在這裡製造出類似夏季與冬季的差異。

在這樣的條件下，所有生命都發展出特有的脈動；而人類為利用這些資源，就得熟悉這種規律並發展出順應它的文化。高度敬重自然是印度文化的一個主要特徵，那是一種尊重其它生命、除非迫不得已絕不將其毀滅的態度。就此而言，印度人一般深受印度教與佛教影響的傳統觀念，從根本上就不同於西方文化中多數人的態度。「征服土地」的概念，對印度教徒或佛教徒來説，跟本無法理解且極端傲慢。這或許聽起來有點言過其實，但是從印度許多地區的人是如何與動物相處中可以清楚看出這點。老虎可以生活在人的世界裡，像孟買這樣的國際大都會裡甚至還有豹，充分説服了我們其中差異之大。如果我們對其它生命的態度能更接近印度文化，地表的物種與生命之多樣性，必定不會如此貧乏。

讓我們看看下頁這張圖與它乍看之下的矛盾，其兩邊的畫面兜不起來。圖上面的動物不僅由一條溪流隔成兩邊，事實上更是以藝術手法，在同一場景表現出兩邊的關聯性與區隔性。這張圖的右半側，其實畫的是馬達加斯加島。這個形狀狹長的大島，位在非洲南部東側的印度洋上，也就是離印度非常遙遠。然而這兩者一度合為一體，它們都曾經是非洲的一部分——當時非洲還是那個南方超級大陸岡瓦納蘭的中心。後來印度與非洲分離並往東北方漂移，直到撞上亞洲並擠壓出地表最高的喜馬拉雅山脈；而在那之前，它在特提斯洋（Tethys）[13]漂移的路上（這個古海洋

13. 譯註：又名古地中海，是中生代時期的海洋，位於勞亞（北方）大陸與岡瓦納（南方）大陸之間。

印度叢林

JOHANN BRANDSTETTER
2019

已不存在），已先解體留下了馬達加斯加島。因為四周的洋流都來自東方的海域，所以馬達加斯加島雖分離自非洲，卻幾乎沒有任何來自非洲的物種，不管是動物或植物。它自成了一個與世隔絕的天地，而同樣的情況也發生在岡瓦納蘭西半部的南美洲。這段遠古歷史的刻印，一直持續到人類出現在這座島上，他們並非來自離得更近的非洲大陸，而是來自印度馬來亞區，馬達加斯加島因此變得更加獨特。這裡有像狐猴這樣的原猴靈長類動物，有許多種變色龍、特殊鳥類、美得很不真實的鱗翅目昆蟲，例如日落蛾（Urania ripheus），還有俗稱「馬達加斯加之星」的大彗星風蘭。這種蘭花的花矩是如此之長，連達爾文都曾經預測，這裡必然有某種蝶或蛾——很可能是種天蛾——也擁有這麼長的口器，以便能吸到花蜜並幫這種蘭花授粉。

馬島長尾狸貓（Fossa），又稱馬島獴，在各方面都既不像貓，也不像非洲及某些地方的靈貓。儘管身長最多只有七十五公分，體重也很少超過十公斤，牠卻是馬達加斯加島上「最大」的肉食性動物。長尾狸貓的名字（Fossa）聽起有點像化石（Fossil），可惜的是牠在馬達加斯加島的野外最多只剩下兩千隻，而且很可能會以史無前例的速度滅絕，因為這個島上的人口正爆炸成長中。至於受到衝擊最大的，是分布在島嶼東北海岸的熱帶雨林，因為比起南部廣大的乾燥區域，這裡雨量豐沛，更有利農業活動。它與印度所呈現的對比——包括人如何對待自然，幾乎再明顯不過。

史戴特（Johann Brandstetter）[14]對剛果的印象描寫，最適合用來補充我們對全球三大熱帶雨林的比較觀察。以下便是他的報導：

我在飛機降落時往窗外望，天已經暗下。剛果民主共和國的首都金夏沙，看起來就像是黑暗中一片無邊無際的燈海。這本來就是一個大城市該有的樣子，只是當飛機快要降落前，我突然發現，那萬家燈火不是我們常見的街道與家戶照明，照亮城市的是成千上萬的小型篝火。

根據估計，金夏沙人口有一千兩百萬，是世界最大的城市之一。說估計，是因為這個城市的外圍與它四周有人居住的區域，並沒有明確界線。你可以往它周圍的腹地開上一小時的車，卻仍然覺得還沒離開這個城市。那些小屋彼此緊挨在一起，而屋後就是森林。街上是熙熙攘攘的行人，到處都熱鬧忙碌；只是那種騷動會漸漸稀落。而家家戶戶門前，都有一座篝火。

因為這些城區的道路兩旁沒有電力供應，人們知道該如何自助：就從周遭的森林取得材薪。而你可以想像，那是多麼驚人的數量。任何人如果把剛果想像成到處是難以穿越的叢林，都是大錯特錯。在金夏沙四周，很可能根本從來都沒有真正的雨林；它更像一種濕潤莽原，摻雜著因都市擴張渴求木材而愈來愈稀疏的河岸森林。連綿成片的茂密雨林，始於城市北側與東側好幾百公里之外。

14. 譯註：本書插圖作者。

剛果盆地東部的情況明顯更複雜，這裡除了不斷成長的人口壓力，多年來也有一場殘酷的內戰一直在鬱積悶燒。然而偏偏就是這裡，有著名列世界最古老國家公園之一的維龍加國家公園。我是在三小時完全探險式的飛行後，才從金夏沙經由吉山干尼（Kisangani）到戈馬（Goma），然後抵達這裡。

而它無疑是非洲、也是我所見過的最美的地方之一。深黑色熔岩土上蒼鬱的綠意，是一種仙人掌樹（kandelaber-Euphorbien）。在地勢較高的山區，形態奇異的樹狀半邊蓮（Lobelien）和其它巨大的花則取代了仙人掌樹，構成獨樹一幟的山地雨林面貌。在那裡，你會進入一個完全不同的世界。維龍加的八座火山矗立在背景中，它們一字排開有如成串珍珠，形成完美的剪影；其中包括形狀均勻對稱、總是冒著煙柱的活火山尼拉貢戈（Nyiragongo）山。在群山之間閃耀著銀光的，是基伏湖（kivusee）；而這些火山的山腰，就是最後僅剩的山地大猩猩的故鄉。更向東行，景觀會逐漸過渡為典型的非洲莽原。我在那裡看到了獅子、水羚、水牛與數量驚人的河馬。往西則地形陡降近一千公尺，幾乎等於海平面高度。茂密的伊圖利（Ituri）森林就從這裡開始，那裡面住了像獾㹢狓和剛果孔雀這樣奇異的動物。

在這裡，你可在最小的範圍內，見識到非洲所有的地景。其國家公園物種多樣性之豐富，也是你幾乎不會在非洲其他地方體驗到的。在五十幾年前便慧眼識出這區域的價值，並為保存它而奮戰的人之一，就是德國動物學家、自然影片製作人暨法蘭克福動物園園長伯恩哈德·格日梅克（Bernhard Grzimek）。

然而這個樂園正遭受威脅。維龍加不僅是世界最美麗且最古老的國家公園之一，它同時極度危險。暴力兇殘的民兵目前掌控了這裡，象牙走私以及為製炭所進行的非法伐木，都是極具暴利的勾當。木炭的需求量無比巨大，過去曾經遍布古老雨林的地方，如今成為了滿目瘡痍的焦土。更令人震驚的是，所有這些不法的勾當都發生在國家公園裡。大猩猩也逃不過盜獵者的魔掌，他們會不惜射殺一整群大猩猩，只為得到一隻大猩猩寶寶，因為這能帶來百萬進帳。負責看管國家公園的巡邏員為數有限，根本抓不勝抓防不勝防。正面衝突的槍戰經常發生，這些巡邏員雖然知道這份工作的危險，但固定收入抵銷掉了那風險。如果沒有他們，這個國家公園根本會整個完蛋。

另一個危險則是潛藏在它地底下。此處蘊藏的鈳鉭鐵礦，是製造手機與電玩遊戲機必要的稀有礦物，但當地採礦工人奴隸般的處境，使這裡除了生態遭受破壞，人權也受到威脅。而且在涉及資助剛果民兵開採鈳鉭鐵礦與發動戰爭的力量背後，總牽扯到歐洲企業。所以那裡究竟是誰在與誰對抗，實際上根本無法一目了然。至於那當中的犧牲者，倒是再清楚不過：在這種衝突裡飽受磨難的除了女人與小孩外，就是被無情摧殘的大自然。

我曾在一九八九年，也就是在圖西族種族屠殺事件發生前，拜訪了維龍加國家公園在盧安達與剛果之間的基伏邊境區。在

那之後，當地的自然保育狀態便持續惡化。值得慶幸的是，並非整個剛果地區的景況都如此令人絕望。即使困難重重，還是有加彭這個小國，慢慢發展出自然保育意識。儘管要形成真正有效且持續性的保育措施，它還有一段漫長艱辛的路要走。

加彭也屬於剛果區域，是面積廣大的中非森林帶西側的一部分。我們曾經因為想拜訪史懷哲醫院，而從加彭首都自由市出發，整整開了五小時的車橫越雨林，才抵達奧果韋河（Ogooué）河畔的蘭巴雷內（Lambarene）。一九一三年，史懷哲在加彭的蘭巴雷內為痲瘋病人成立了著名的叢林醫院，一直到一九六〇年代，他都還親自帶領著這裡。不過醫院在一九六五年他過世後，逐漸荒廢傾倒，直到一九八一年才被重建。我在德國大使館裡工作的朋友安德烈斯，開著他的越野車顛簸在蜿蜒泥路上，兩旁盡是濕漉漉的森林剪影，就像暗黑的高牆。他越野車上的使館車牌，總能讓我們在各關卡通行無阻；這些關卡經常突然憑空出現，旁邊則有手持機關槍、看起來不怎麼可靠的人守著。不過他們在認出使館車牌後，總揮手讓我們通過。

這條泥巴路會因為出現很深的車道凹槽而中斷，那裡面通常已形成巨大泥坑。你得飛快地從正中央開過去，才能避免輪胎側滑，導致深陷泥坑動彈不得。而每當我們跨越一個小水塘，就總會驚起一整群像閃光紙片那樣翩翩飛舞的彩色蝴蝶。雨林幽暗的深處，傳出蟬刺耳的唧唧鳴叫。空氣中瀰漫著一股濃郁的甜味，然後你聽見了遠方一場熱帶雷雨中的悶雷。

在行經路邊一個村子的某瞬間，我們看到一隻顏色繽紛的大型猿猴，向後靠坐在一個簡單的木櫃上。安德列斯停下車並打倒退檔，然後我們往回開了一段並下車查看。這隻死掉的猿猴，胸前有一道很深的槍傷。我們對牠是哪種猿猴感到困惑，是一種山魈嗎？可是牠有一張顏色很淺的臉。那確實是一隻公山魈，只是因為年輕所以顏色尚未完全染透。山魈只分布在加彭與中非共和國境內完整閉合的茂林中，而且被視為瀕危物種。在我們花了點時間終於找到那個槍手時，他解釋「這幫猿猴」可能會毀掉他田裡的作物，為了挽救收成他不得不痛下殺手。

加彭這個國家雖然希望更投入自然保育，也想以哥斯大黎加為榜樣，展開溫和的自然生態觀光，但嚴重不足的基礎設施與百姓普遍貧窮的生活現實，使這些企圖至今無法實現。在中部非洲的森林裡，總是在你自以為置身無人干擾的原始森林且遠離一切文明時，會出人意料地冒出一個像這樣沿泥巴路散落的小村子。因為一旦有條狹長通道開進森林裡，人就會被吸引而來，帶來各種後果。

生活在這裡的人，在以鐵皮為頂的泥屋裡過著簡單的日子。他們的耕地通常非常狹小，上面種著木薯，偶爾也種大蕉。然而許多地方原本就貧瘠的土壤，已開始遭受侵蝕流失。為了生存，人們走進森林謀取材薪並砍伐樹木，而這在自然保育區裡根本是被禁止的事。

在每個村子裡，都會有人向路過遊客提供他們在森林裡捕獵到的「叢林野味」。那些動物通常會被斜放在水桶中，然後吊掛在棍子上，以便讓人看到牠的全貌。為了方便在熱帶的高溫中保存，牠們經常會被丟進火裡燒烤。穿山甲和小羚羊的身體在被清除內臟後，會被打開並用叉子撐起來。最令人毛骨悚然的畫面，莫過於那些小猴子；人們會先把牠的尾巴綁在脖子上打結再丟進火中，然後把牠像手提袋那樣掛在棍子上賣。那樣的畫面，總讓我忍不住想到被火燒焦的小孩。

比起其他東西，當地人自然比較喜歡吃叢林野味。他們其實也幾乎沒有其他選擇。加彭的可耕地很少，生產力也大多很差。因為氣候、疾病與牧草地不足等因素，牧牛幾乎不可能。這裡也沒有養豬業，因為大部分的加彭人是穆斯林。因此剩下的就只有雞，不過那裡細瘦多筋的雞，可不能跟我們養得又肥又嫩的雞相提並論，你通常得把牠先煮上幾小時才吃得了。因此只靠養雞業，並不能滿足那裡人民必要的蛋白質需求。進口的肉非常昂貴，而打獵則只要花買子彈的錢，況且你得到的不只有肉，還有毛皮和羚羊角。所有的這些也都可以賣來獲取利潤，特別是賣給外國人。

人的生活狀況，在此扮演一個重要的角色。人無可避免、也完全理所當然地仰賴森林為生，每個踏進「叢林」的人，都會隨身攜帶武器或至少一把彎刀，小孩則是彈弓。而人們會走進森林，並不只是為了打獵，那經常純粹是附帶產物。就好比你在前往隔壁村子的路上，這條小路會穿越森林，而森林裡畢竟什麼都有。它不僅有水果與地下根莖，也有藥物和建築材料，所以偶爾獵隻瞪羚或猴子又有何不可？

不過除了使野生動物的數量劇減，狩獵還隱藏著其他危險。有數不清的能傳染給人類的動物疾病，潛伏在森林裡。人類愈侵入森林，遭逢具潛在危險之病毒的可能性就愈高。而一地的森林愈不受侵擾，人被感染的風險也就愈少。我們所熟知的愛滋病毒與伊波拉病毒，還有瘧疾、茲卡熱與登革熱，都是源自這種森林的人畜共通疾病。目前正肆虐中的嚴重急性呼吸道症候群冠狀病毒2型（SARS-CoV-2），即二〇一九新冠病毒的疫情，更讓人痛悟這樣的病原有多快就能把我們慣常的生活攪得天翻地覆，世界任憑它處置。

在亞洲的馬來西亞，雨林遭受破壞則是以完全不同的方式在進行。都市擴張、珍貴林木被濫伐，還有油棕栽培園的開墾，在這裡都是導致雨林消失的罪魁禍首。

我在一九八五年首度拜訪了馬來半島。那裡森林的原始與美麗讓我讚嘆不已，為了體驗它自然原始的東海岸，我與朋友由西向東橫貫了這個國家。當時從吉隆坡到豐盛港只有一條路，而這就已經夠驚險了，因為這條柏油路不僅翻山越嶺，還布滿大大小小深淺不一的窟窿，所以當人得長途跋涉時，就得小心腦袋會像敲蛋那樣，因不斷撞擊車頂慢慢變軟。入夜後，水牛會躺在還溫熱的馬路上休息，當牠們突然出現在你頭燈的照射範圍內，你絕對需要有最快的反應能力。而這同樣也會讓副駕駛座上已經陷入昏睡的人腎上腺素飆漲，我也一樣。在東方剛露出魚肚白時，長臂猿刺耳的呼聲就已經不絕於耳。在森林小徑上，總有巨大的澤巨蜥交錯而過，牠們看起來幾乎毫不羞怯，不斷朝我們這邊吐信。那是一種不可言喻的感覺，在太陽昇起時，看著一團團雲霧慢慢消散在樹梢林間。這個國家的整個北方，當時似乎都還相當自然原始。

然後在二〇〇七年，我第二次來到馬來西亞，它短短

二十幾年內的變化令人驚訝。吉隆坡變成了人口數百萬的現代大都會，閃耀著銀色光芒的雙子星塔與吉隆坡塔傲然挺立著；浪漫懷舊的中國城與它的小餐館——那裡你不用花大錢就能享受美食——卻消失得無影無蹤。

我滿懷著期望造訪北部地區，迎接我的卻是令人絕望的荒蕪背景。二十幾年前，在霹靂（Perak）這個北方州山巒起伏的丘陵上，原本遍布著由各種不同色階的綠意拼接而成的雨林，現在幾乎只能看見剛開闢不久的油棕栽培園。極目四望，到處都是長得像巨大鳳梨的油棕樹，它們一排排整齊地站著，彷彿一大隊校閱中的士兵。而它們之間的紅土，根本光禿禿的寸草不生。稱得上完整的雨林，我幾乎只在大漢山國家公園（Taman Negara）與金馬崙（Cameron）高原上看到。

二、熱帶雨林破壞的開始

在個人印象陳述的鋪陳之後，現在我們應該更仔細探討雨林遭受破壞的原因，以及它所產生的後果。這一切得從汽車開始說起，因為雨林被系統性破壞與它的發展密切相關。在汽車時代之前，人們雖然以各種方式長時間持續利用雨林，但從未大面積伐林墾地，這點我們在提到雨林游耕農業時，就已說明過（見一三〇頁）。只要仔細觀察東南亞地區，就會明白它的根本變遷與汽車時代的開始同步。不過還是讓我們先依時間順序，簡短回顧一下它的演變。

汽車是在能夠以橡膠輪胎行駛時，才成為一種成功的移動方式。相較之下，火車是以鋼鐵製車輪行駛在特地鋪設的軌道上，它無法順應地形自由行駛，只能開往軌道鋪設的方向。兩者都需要固定路線，但是拜橡膠輪胎之賜，汽車可以在開放地形上變換路線，也能在泥路上行駛，可以到達更多地方。這兩種交通工具從一開始就是競爭對手，然而儘管火車在客、貨運輸上都具有規模優勢，汽車還是成為真正的贏家，原因就是熱帶雨林。更準確地說，是亞馬遜雨林，因為天然橡膠樹就來自這裡；而就是這種樹，能生產一種可濃縮成橡膠的乳汁。其中最著名且最重要的樹種，就是巴西橡膠樹（*Hevea brasiliensis*）。

亞馬遜的印地安人早就知道，只要稍微劃破這種樹的樹皮，就會有乳狀汁液流出。它可以在火邊被捏塑成圓型，硬化成「橡皮」，然後當球用來玩遊戲。這種物質在硬化未加工狀態稱為生橡膠，它的特別之處是受熱時會收縮，不像幾乎所有其他材料那樣會擴張。至於它的原因，化學家們早就知道：隨著逐漸受熱，天然橡膠裡的大分子會更傾向彼此結合，因此它的整體體積會縮小，而不像水或金屬那樣，在受熱時會膨脹。雖然人即使不具備物理化學的專門知識，也可以憑個人經驗知道摩擦會生熱；但被用來製造汽車輪胎的橡膠在行駛時會變熱，輪胎也會因此更加堅實這樣的特質，如果不具備某些大分子在特殊條件下會如此反應的基礎知識，應該是怎樣都想不到，也無法加以利用。無論如何，橡膠始終是汽車能迅速移動的原因。把它運用在遊戲上並做成足球，則是一種附帶效應；不過即使如此，足球運動能有所突破並獲得全球性成功，橡膠都助了一臂之力，這點還是非常值得一提。因此熱帶雨林可謂促成了這兩項撼動世界，以及許多其他的發明。

橡膠樹原生於亞馬遜盆地，而且主要分布在年雨量特別高且全年平均分配的地區。而上亞馬遜地區尤其符合這樣的條件，也就是從安地斯山邊緣，直到亞馬遜河上游的蘇里摩希河（Solimões）與內格羅河合流處。亞馬遜的首府瑪瑙斯，就座落在內格羅河一處位置較高的河岸邊。汽車工業讓這個城市在十九、二十世紀之交快速致富，並變成世界性城市，它宏偉華麗的歌劇院是最好的見證。許多國際巨星當時都在這裡登過場，這意味著瑪瑙斯曾聚集過不少風雅上流人士；為了讓衣物能更潔淨乾爽，不在亞馬遜高溫多濕的氣候中發霉壞掉，他們當中有許多甚至會將衣物送洗巴黎，然後再用船隻運回。

而這種龐大財富的來源，就是距今不過一百多年前的橡膠榮景。亞馬遜中、西部的採膠

熱帶島嶼

南太平洋……是不是只要提到這個詞，你腦海就會浮現海上樂園的畫面？波拉波拉、大溪地、斐濟、東加……還有薩摩亞，它們連名字聽起來都悅耳無比。臣服在它們的魔力之下的，不僅是像高更這樣的畫家，還有科學家以及數以百萬計的觀光客。當他們在這些熱帶島嶼的沙灘上，度過一年中最美妙的幾星期時，心裡的感受通常是人生至此、夫復何求。在沙灘棕櫚樹下讚嘆日落絢麗的晚霞，空氣中瀰漫著花香，連熱帶的高溫都已被海風舒緩。對現代人來說，它們根本是古代「極樂之島」或浪漫主義中「桃花源」的化身。

可惜，根據氣候暖化趨勢所作出的預測，這些海上樂園很快就會消失，因為上升的海平面將吞沒它們。於是現在每當我們想到這些熱帶島嶼時，總是在甜蜜中帶點苦澀。不過這種想像，其實只有部分正確。因為雖然有許多只略高於海平面的珊瑚礁島飽受威脅，但對更多其它島嶼來說（上面這幾個特別著名的恰好都是），大量觀光客湧入所帶來的危害，其實遠大於上升中的海平面。這些島嶼是山脈露出海面而成，大多是已熄滅或尚活躍中的火山。

而塞席爾群島是其中的一大例外，因此理應在這張圖中占據最核心的位置。這個群島獨一無二，不論是南太平洋上的任何樂園小島，或同樣也在印度洋上的馬爾地夫，都絕對無法取代它的位置。塞席爾為什麼如此特別？從這張全景圖中最引人注目的大海龜與迷人的白玄鷗，我們看不出什麼端倪，從其它細節也沒有。畫家在這裡自由發揮，把位在遙遠南太平洋中的斐濟島也畫

Lodoicea maldivica
Rothmannia annae
Praslin
La Digue
Mahé

熱帶島嶼

Birgus latro
Samoa-Flughund - Pteropus samoensis
Cocos nucifera
Pandanus multispicatus
GARDENIA TAHIT

在這裡，就是聳立在畫面左方背景中的山塊。真正特別的地方，其實是在右側的岩塊。那些體積巨大且形狀明顯鈍圓的岩塊是花崗岩，在形態上跟巴西的花崗岩相同，為里約灣增色不少的那座「糖麵包山」，就是一座花崗岩山。

非洲大陸、馬達加斯加島與印度也有這樣的花崗岩，但比較少人知道。這是岡瓦納花崗岩，古老岡瓦納大陸的標誌性岩石。而位在這三者中間的塞席爾群島，正是由這種花崗岩組成。岡瓦納古大陸於中生代開始解體，塞席爾就是從這裡分裂出來的。解體時最小的那一塊，大致往南及往東漂移，變成了馬達加斯加島，它的最北端離塞席爾約一千公里。漂移得更遠的另一塊，後來成為印度並與亞洲銜接，然後碰撞擠壓出喜馬拉雅山脈。非洲雖然維持在西側，但歷經漫長歲月，如今也離塞席爾一千多公里遠。因此，塞席爾群島是「大陸島」，而不像斐濟那樣，是從海中冒出的火山島。

所以在塞席爾群島上，住著大量生命形態非常原始的生物，這讓我們可以像透過一扇時間之窗那樣，去窺探地球遙遠的過往。不過那些大海龜並不屬於這類，儘管牠們看起來宛如經歷過恐龍的時代。這些巨大的海龜，常被視為是所謂的島嶼巨型化的例子，即島嶼侏儒化的相對概念。巨型化容易出現在生長緩慢且能耐受長時間靜止不動狀態的物種身上，而大海龜在這方面最在行，牠可以幾個月不吃數星期不喝，但還是活得好好的。牠以這種能力度過惡劣時機，不僅活得很老，還經常長得特別巨大。島嶼侏儒化，則特別容易出現在需要大量食物來進行新陳代謝的哺乳類動物身上，因為一旦食物匱乏的時間較長，體型較小者存活機率會更高。地中海的島嶼曾一度有過侏儒象，蘇門答臘與峇里島上的「島嶼虎」，也都明顯比西伯利亞虎要小得多。這樣的例子不勝枚舉。

塞席爾還提供了另一種全然不同的生態展示。這裡有著特別與眾不同的鳥種，像羽毛呈深鈷藍色的塞席爾綬帶鳥（Paradiesschnäpper），以比例來說，其公鳥身上的尾羽比孔雀還長；或一身雪白，嘴喙也呈鈷藍色，看起來十分夢幻且特別溫馴不怕生的白玄鷗。

白玄鷗像長尾熱帶鳥一樣，都可見於許多熱帶海島，一如大部分的海鳥，牠們是世界公民。至於塞席爾綬帶鳥，在印度則有牠的近親。其它大部分鳥種則來自馬達加斯加島，如同它的許多蜥蜴（如圖右上方的塞席爾石龍子）與植物種。這些都充分顯示，決定那些物種會來到塞席爾群島的關鍵因素是印度洋的洋流，而不是在位置上靠近非洲，因為沒有海水也沒有風會從那裡帶來動、植物。

因此我們也無從得知，塞席爾椰子樹的祖先究竟來自何方。它是這個島群上最叫人印象深刻的植物，其果實形狀有如兩個椰子連體，在整個植物界中不僅最大也最重。這種棕櫚科植物只生長在普拉蘭（Praslin）這個島上一個叫五月谷（Vallé de Mai）的山谷裡。至於「真正」的普通椰子樹，則幾乎遍布全球熱帶海灘；會跟隨它們而來的，則是椰子蟹這種最大的陸生寄居蟹。東南亞的露兜樹屬植物（Pandanus），在許多南太平洋島嶼也很常見，這些島嶼在地質上相當年輕，多半是火山島，且富有多樣、演化史不算太久的不同鳥種。在哺乳類動物裡，主要就是以吃果實為生的狐蝠，能到得了這些極為分散且面積通常很小的島嶼。

在歐洲人與美國人湧入前，這裡幾乎沒有任何疾病；歐美人不只帶進病原，甚至在樂園裡試爆核彈。過去幾百年裡，沒有任何地方像這裡，有這麼多物種慘遭滅絕的命運，偏偏就是這些人間天堂般的島嶼！

者，亦即當地人所稱的 Seringueiros（膠工），會把採集的生膠運送到瑪瑙斯，再由通航遠洋的大船運送到歐洲和北美。膠工運送來得愈多，汽車就賣得愈好，而那些「橡膠大王」的獲利也就愈高，在亞馬遜雨林這個「綠色地獄」裡，過著紙醉金迷極盡奢侈的生活。至於那些膠工，這裡對他們來說是真正的「綠色地獄」。

維爾納．赫爾佐格（Werner Herzog）在《陸上行舟》（*Fitzcarraldo*）這部影片中，便以令人印象深刻的方式，精準描繪了這個橡膠熱時代。而故事上演的場景，還更深入橡膠採集的核心區域，那是在秘魯的亞馬遜叢林裡，其首府伊基托斯（Iquitos）當時繁榮的程度，幾乎可稱是瑪瑙斯的姊妹市。伊基托斯的地位之所以日益重要，是因為瑪瑙斯的周遭很快就過度利用，為尋找可供採膠的橡膠樹，人們必須不斷向西移動，進入交通特別困難的安地斯山山前地。然而不管是巴西或秘魯，都沒有及早看出這些跡象。採膠者得走的路愈來愈遠，橡膠樹的產量也日漸縮減。而經常被迫得像奴隸般採膠及搬運生膠的印地安人，則大量死於歐洲人所帶進來的傳染病。許多人被壓榨至死，剝削之嚴重已達一種全新的境地。只有持續成長的需求，才能彌補愈來愈費力的生產。直到那突如其來的猛擊帶來的崩潰，讓亞馬遜的生膠幾乎淪落至無足輕重的地步。

西元一八七六年，英國人亨利．魏克翰（Henry Wickham）成功地將巴西橡膠樹的種子從亞馬遜走私回英國。倫敦近郊的皇家植物園，在經歷初期的一些困難後終於種植成功。接著在一八九〇年代，馬來半島上開闢了第一批橡膠樹栽培園，當時隸屬英國印度事務部管轄。這些橡膠樹長的又好又快，於是自一九〇五年起，大不列顛帝國以急增的產量及穩定的品質，開始向國際市場提供天然橡膠。巴西的壟斷局面於是被打破，亞馬遜的橡膠榮景也在短短幾年內潰散。

橡膠栽培業在東南亞則不斷繼續翻倍成長，它標記了雨林毀滅新紀元的開始。這是一種生物剽竊，而且其貪婪無恥的程度幾乎無人能及。大英帝國以同樣的傲慢對此佯裝不知，一如他們從中國偷出茶樹，然後在英屬印度展開「茶的時代」那樣。不過在橡膠這個例子最讓人詫異的，是不管巴西、秘魯或同樣在上亞馬遜雨林占很大比例的哥倫比亞，都錯失了開闢自己的栽培園的機會。假如他們及時這樣做了，東南亞將不會如此成功，南美的經濟也不至於如此崩盤。亞馬遜不僅是橡膠樹的故鄉，它能提供給橡膠栽培業的土地面積也遠比馬來西亞的大。

不過顯然在那裡，沒有人認真嘗試過種植巴西橡膠樹。從遠處旁觀，我們或許很容易會如此斷定，南美國家的錯失良機，只是他們做事一貫懶散的展現，而英國的企業精神自然凌駕其上。然而如此傲慢的觀點，其實大錯特錯，因為亞馬遜與馬來半島及印尼部分地區不同，這裡的橡膠樹不適合種植在人工栽培園裡。它只生長在局部地區，通常是單獨一棵或成小群出現，而且主要分布在發源自安地斯山的河流附近。它的數量多寡，大致與「白水河」的分布吻合，比起亞馬遜地區的許多樹種，它更依賴河川氾濫所帶來的營養物質。

橡膠樹屬於大戟科植物，它所分泌的樹液，是一種對抗昆蟲與其他動物噬咬的防衛工具，而其黏性能閉合樹皮上的傷口，例如氾濫期的碰撞。硬化的樹液，亦即乳膠，傳統上被印地安人用來做填充密封、類似我們所知的防雨與防水材料。以硫磺硫化橡膠，能讓生膠展現出特殊性能。如果我們想了解為何亞馬遜地區無法開闢能滿足全球橡膠需求的大型栽培業，馬來半島與其它東南亞濕潤熱帶區卻可以，就得考慮它的生物環境特徵。

關鍵在於土壤。亞馬遜的土壤是如此貧瘠，也有不少別的森林樹種，在這裡根本無法以栽種業形式來種植，像印度南部與東南亞的熱帶珍貴林材柚木。亞馬遜的野生橡膠樹，與這裡的樹木、昆蟲與真菌構成多樣關係。對這種樹而言，它所有的天敵與競爭對手，在東南亞這個全新的環境裡都不存在。那裡的栽培園有良好且富含營養鹽的土壤，橡膠長得很快，又能產出許多乳膠。開墾馬來西亞的雨林非常值得，因為天然橡膠賣得很好。於是在殖民時期被引進熱帶地區的栽培業經濟，首度大規模地被應用在雨林裡。在此之前，這類栽培業的重心是熱帶乾濕季分明地區的瓊麻栽培，以及副熱帶與季風盛行區的甘蔗、咖啡與茶葉。

三、熱帶栽培業經濟的基礎

在哥倫布「發現」美洲之後，全球化也慢慢在這裡展開了。西班牙專心於建立它的「新西班牙」，並盡其所能地掠奪新世界的黃金與銀礦，但在亞馬遜尋找「黃金城」的計畫失敗了。法蘭西斯科・德・奧雷亞納（Francisco de Orellana）在一五四一～一五四二年間，成為第一位從安地斯山到大西洋河口、全程航行亞馬遜河的歐洲人。他沒有找到傳說中的黃金城，儘管尋找黃金的企圖從未被放棄。亞馬遜地區因此在歐洲人征服美洲的過程中，大致不受染指與侵擾，即使卡布克羅人逐漸在亞馬遜河的主流與較大支流沿岸定居，面積廣袤的森林幾乎沒有任何變化。受到較大衝擊的，是感染疫疾、遭受奴役與被迫進入雨林深處的印地安人。那些殖民宗主國對中南美洲的剝削，主要集中安地斯山與中美洲山區。那裡很早就有香蕉栽培業，地勢較高的地區則種植咖啡。

在中美洲被視為神之飲品的尊貴的可可，在西非雨林裡不僅種得更好，需要投入的勞力也更少。可可在那裡的情況，就類似橡膠樹在東南亞；因為少了會侵襲樹木的昆蟲與真菌，西非得以享有一種在可可樹的原鄉根本不可能存在、或至少會困難得多的栽培業經濟。而香蕉的情況，也幾乎完全一模一樣。它原產於新幾內亞，但事實卻證明它在非洲，特別是在中美洲，栽培得最好，產量也特別高，直到近代那場令人恐慌的厄運降臨：以複製技術育種且基因多樣性很低的香蕉，在真菌侵襲下大量死亡，而美洲受創尤深。它們在新世界享有免受蟲害之自由的時間並不長，跟所有長期栽種的單一作物一樣，這種栽培業對其它生物總是太具吸引力。

此外，同樣原生於新幾內亞的甘蔗，卻在符合它生長需求的新世界欣欣向榮，包括加勒比海地區、澳洲東北部、模里西斯，或任何氣候同樣濕熱（與可以投入「廉價」奴工）的地方。我們在畜牧業上也會看到類似的情形，但這裡還是會先聚焦在農業上。因為在當前這個脈絡下，進一步觀察東南亞的稻米文化最為重要。有人或許會認為這有點離題，然而它在這裡已運作數千年，而且還是以如此高度集約的利用方式，這使東南亞成為地表人口重要分布區。目前在印尼、菲律賓與半島上的熱帶東南亞，人口大約是五億。此處列入計算者只有熱帶濕潤氣候區，但這個數字已數百倍於面積大約與此相當的亞馬遜地區，面積較小的熱帶濕潤剛果地區，人口則遠不及它的十分之一。這一切都拜稻米文化之賜，更準確地說，就是水稻的種植。不過這種在熱帶東南亞與鄰近島群如此重要的糧食作物，為何數千年來能如此欣欣向榮，即使它並非源自這裡？

一個讓稻米與其它麵粉類穀物產生關連的重要屬性是：它是禾本科植物。俗稱禾草的禾本科植物，在很多方面都與其它植物——尤其是樹——不同，其中非常重要的一點，就是它從基部開始快速生長。這裡指的是它的生長中心（所謂的生長點）非常接近根部，不像一般草本植物、灌木或樹等大部分植物，是在嫩枝末端的芽苞。而這個

差異的重要性，會特別在它們被動物吃掉時顯現出來，即禾草遠比其它草本植物與樹，更經得起動物嚙咬。許多禾草對抗被嚙咬的重要武器，是在自己身上儲存矽晶體，這會讓動物的牙齒因「咀嚼」草梗逐漸損壞。一般草本植物與樹木經常具備的各種毒素，在禾草類植物身上非常罕見。由於製造複雜、具毒性或能防衛天敵的成分得耗費許多能量，因此它們寧可把能量用來讓自己快速生長，如此便能在被吃掉之後，很快重新長回。以上是對禾草類植物的簡介，然而僅僅是這些，當然無法讓它成為特別具有吸引力的食物來源，特別是對人類。因為我們所利用的並非鮮草或乾草，而是它別具特色的種子。這些種子富含澱粉（提供能量）與蛋白質（是生長與繁殖所必需的植物性蛋白質），成分組合非常有利。

植物透過光合作用，可利用陽光從水與二氧化碳中，製造出自己的能量來源澱粉。然而要合成蛋白質，氮化合物與礦物質則特別重要。一般土壤均含有這些物質，除非它在熱帶多雨環境下，已因強烈淋溶流失了這些養分，就像亞馬遜、剛果雨林的廣大地區或部分婆羅洲的土壤。在整個熱帶濕潤氣候區中比較例外，即土壤狀況較佳者，就是地質年代很年輕的火山土，以及沿河岸分布的沖積土。前者在東南亞地區非常普遍，後者的沖積物若來自富含岩石礦物的山區——而且是可溶於水方便植物吸收的礦物，非古老砂岩層的石英——則更好。

以上對稻米栽培雖然非常重要，卻絕非僅有的條件，它還得加上乾濕季節的交替。在某些具備溼度變化的熱帶地區，特別是在季風氣候區，這種條件本來就存在。季風氣候就是「稻米氣候」，但它也能在山區被模擬出來，根據稻米的需求，透過開闢梯田來控制。在梯田的整個規劃中，水會從坡地上較高的階，繼續往最低的階流動，最後進入河道中。因此拜坡地位置之賜，即使氣候多雨，梯田也能在稻米成熟期大致維持乾爽。以此它創造出一種稻米生長所必需的乾、濕階段轉換，而這種轉換的作用，讓昆蟲、真菌與病原不像在多年生栽培業中那樣容易聚集與傳播。

乾燥階段中斷潮濕周期，而濕潤階段反過來也中斷乾燥周期。梯田在面積廣大的亞馬遜與剛果盆地裡都不可能存在，因為這裡沒有可開闢梯田的山地。即使亞馬遜周邊有山脈，其地質年代非常古老的花崗岩也不適合；河谷地帶雖比較有可能，卻也絕對不可能像真正的梯田農業那樣好，因為這裡的氾濫經常持續太久或來得太晚，而且水量不受控制。所以東南亞地區顯然拜地形多山、高降雨量及普遍適合耕種的火山土之賜，遠比非洲與南美洲這另兩大熱帶濕潤氣候區，更有利於發展稻米文化。從稻米在這裡很早就開始栽培，且一直維持著相當的生產力，就已經說明了一切。這也是為什麼東南亞過去不適合栽種稻米的雨林，能相對容易且成功地轉化為其它作物的栽培園。然而這些栽培園裡的作物，始終都不是為直接供養當地或區域人口而種植，而是為所謂的「全球貿易」——一種對熱帶進行經濟剝削的婉轉說法。因為那些栽培園的產品，絕大部分是流向歐洲和北美，它是（而且一直還是）單向的。這就是栽培業經濟與持久性農業最根本的差異，後者是為滿足當地人口之需求而生產。

不過讓我們先再把焦點移回禾本科植物作為農作物的特性。不管是稻米或熱帶地區的玉米，這類穀物最最重要的特性，就是它們富含澱粉與蛋白質的成分組合。然而這種成分組合能滿足作為人類糧食必要的門檻，前提是土壤得夠好。至於甘蔗的情況就不同了。我們可以就同屬禾本科植物這點來比較它與稻米，而不是以糧食，因為甘蔗的產物是糖，也就是碳水化合物，也可以說它是「燃料」。因此甘蔗栽培業並不需要多好的土壤，只要從生長期到成熟期全程大致雨水充足且分配平均即可，所以它也能生長在沒辦法以梯田栽種水稻的地方。它能提供糖與糖蜜，兩者用途都很大。在甘蔗被大規模栽種與在部分區域有甜菜可取代之前，糖一直是一種稀少珍貴的甜味劑。然而熱帶和副熱帶的甘蔗栽培業，帶來了獨占事業的發展，並助長從非洲流向美洲的奴隸貿易。

糖早就變成一種毒品，因為我們對它的需求實在太大。它危害人的健康，有不計其數的人因此罹患糖尿病且壽命縮短，這或許是某種為過去被悲慘奴役且大量死亡的奴隸所受到的懲罰。這些奴隸被迫在甘蔗栽培園裡，將一樣原本稀少珍貴的東西，變成大量廉價的危險商品，只為了讓少數幾個人成為鉅富。而且從目前的情勢來看，人類至今還一直深陷在這個陷阱當中。由於收成後的蔗田通常會以火焚燒，所以年降雨量降低且季節分布更明顯，對這種栽培業經濟反而非常有益。這是破壞熱帶雨林所帶來的作用。就像有人會諷刺地說這完全「符合生態」，因為年雨量減少，確實會讓一地的植被，由森林轉變成較適合農業利用的草地。

而這種過程，把種植橡膠這類林木栽培業，愈來愈推進雨林深處，其邊緣也同時在繼續被撕裂。於是一種不斷「自我增強」的發展形成了，套用口語的說法就是惡性循環。對熱帶雨林開闢為橡膠或後來很快也加入的油棕栽培園來說，甘蔗栽培業是最有效且最具舖路作用的前導。這在過去史無前例，甘蔗單一栽培業顯示在濕潤多雨的熱帶，開闢大面積的單一作物農場基本上完全可行。而今天這類單一栽培作物也包括香蕉。

四、橡膠熱潮過後

如前所述，亞馬遜的橡膠熱潮在二十世紀初崩盤了。不過這與二〇〇八年的「房地產泡沫」不同，因為那些被戳破的泡沫，只是轉移到東南亞繼續剝削。兩次世界大戰決定了全球的總體情勢，一方面機動化與其所帶動的橡膠需求仍繼續強勁發展，但另一方面殖民地的加入戰場，也確立了新的地緣戰略版圖。這迫使德國轉而生產合成橡膠製品，而美國的汽車製造業者亨利．福特，則嘗試在巴西開設大型栽種園。這個園區位在亞馬遜東南邊氣候上開始出現乾濕變化的過渡區，不過對巴西人來說那已經是「interior」（內陸），他們是這樣稱呼自己廣闊得有如大陸的主要國土。巴西的主要經濟活動與人口都集中在海岸地帶，因此人們一直到二十世紀初，對這裡都還是非常陌生；「內陸」只住著印地安人，如果你自覺是巴西人，就只能生活在森林被砍掉的地方。直到一九七〇年代，「Matar o mato」（殺掉森林）對巴西人都還是一種理所當然的行為。只有印地安人能靠森林活下去，但即使是他們，也只能勉強餬口。而福特想以他的大型示範農場「福特城」（Fordlandia）證明，只要投入相當的資金與新技術，特別是馬達功率，亞馬遜的廣大雨林也能被善加利用。然而不同於其最成功的傳奇車款「福特T型車」（Lizzi），「福特城」以失敗收場。大自然比他強悍，而且強悍許多。

二次世界大戰後，美國億萬富翁丹尼爾．路德維希（Daniel K. Ludwig）在下亞馬遜雨林的投資計畫「賈里」（Jari Projekt），下場也完全類似。他想在那裡種植雲南石梓與加勒比松這兩種樹，以大量生產木材並同時就地加工為紙漿。因為紙的大量使用，市場對木材的需求已急遽增加，再加上模壓木屑板與貼面木料也在全球廣受歡迎。由於路德維希的這個計畫，網羅了遠比福特更多的巴西專業人士，自然得到巴西政府的批准。然而賈里計畫持續萎靡不振，遠未達到預期與全球經濟需求，但巴西政府並不願意承認這個計畫的失敗。

反之，在印度南部則興起了柚木栽培業。它不僅提供優良的熱帶林材，還同時為老虎、大象以及長得像水牛般巨大的印度野牛，創造出新的棲息空間。從全球經濟層面來看，非洲在兩次世界大戰之間，大致處在一種自生自滅的狀態。它的首要任務是為殖民宗主國提供輔助軍力，然後打著非洲人自己都無法理解的猛烈戰爭。尤其是在康拉德舉世聞名的小說中被稱為「黑暗之心」的剛果雨林，在它被「發現」沒多久之後，又落入一種大致「未知領域」的狀態。

至於東南亞地區最獨特的一點，是它在一次世界大戰後雖大致仍由殖民宗主國掌控，但那些在經濟上是競爭者的殖民勢力，還是視彼此為朋友與夥伴，並繼續開發當地的熱帶雨林。全球市場對堅固耐用的熱帶原木需求不斷增高，橡膠隨著機動化的趨勢，還有特別是隨著日本在經濟與軍事上崛起為世界強權，產量日增。至於第二次世界大戰，則完全表明了東亞已崛起成為新的世界中心，全球事務再也不是老歐洲與它在北美的傳承者說了算。

全球的人口也在增加。世界人口在十九世紀大幅躍升，托馬斯・馬爾薩斯（Thomas

東南亞的島嶼世界

「森林裡的人」（Orang-Utan），當地人是如此稱呼紅毛猩猩。牠是大猩猩、黑猩猩之外的第三種大型猩猩，有兩個近親物種，分別生活在婆羅洲與蘇門答臘島上。紅毛猩猩明顯比非洲的兩種猩猩更擅長「懸吊」，牠能以強而有力的手臂大幅伸展並在樹木枝椏間移動，以搜索熟透的果實，或為晚上準備一個能安全入眠的窩。那除了臉部幾乎覆蓋全身的紅棕色毛髮，使牠在樹叢中特別醒目——在同類眼中也是，但對牠們僅有的幾種天敵來說其實不然。因為不管是蘇門達臘島上的老虎或雲豹，對紅色都是色盲。雲豹頂多只能捉到小紅毛猩猩，老虎則比較能對下到地面的猩猩造成威脅。至於婆羅洲，則基於不明原因，沒有老虎也沒有豹。紅毛猩猩早在其祖先還生活在東南亞半島的雨林裡時，就能以手臂的優勢適應雨林樹上的生活，目前的情況只是反映出是什麼影響了這種猩猩的形成，並使牠們具有這樣的能力。而這種「森林裡的人」，跟人類的基因組只有百分之一．八的差異。

特別提出紅毛猩猩的理由很充分，因為牠的身體結構能夠提供一種與我們自己的身體進行對照的想像。我們適合走路，牠們擅長懸吊；我們「理解」（be-greifen）事物，牠們是抓取（greifen）[15]事物；牠們身披毛皮，儘管毛髮並沒有太濃密；我們則大致全身光溜溜。在體型大小一樣時，我們的腦容量是紅毛猩猩的三倍多。而牠們的命運，掌握在我們手中。牠們是否還能繼續當「森林裡的人」，決定於人類如何處置牠們的森林。「人類」指的不只是蘇門答臘或婆羅洲的印尼人，也指我們自己，因為我們輸入棕櫚油與其相關產品，而這加劇了森林的毀滅。

紅毛猩猩的滅絕，等於是我們的近親——而不純粹只是某種「動物」生命——的滅絕。在紅毛猩猩的森林裡，還住著獨一無二的鳥類與昆蟲，像巨大的雙角犀鳥（*Buceros bicornis*），以及屬於鳥翼鳳蝶的裳鳳蝶（*Troides helena*），其學名是根據引發特洛伊戰爭的美麗的海倫娜來命名。在下頁這張圖裡，展開以肋骨支撐的翼膜滑翔過森林的小飛蜥，完全代表了這裡特別多樣的爬行動物世界。牠身長含尾巴最多只有二十公分，卻能在三十公尺的滑翔距離中只下降幾公尺。這種小飛龍是飛蜥科的一種蜥蜴，螞蟻是牠的主食，不過牠在空中滑翔時，自己也可能會被天敵攔截吃掉。犀鳥的飛行技巧則比較笨拙，牠更讓人印象深刻的是那張上面頂著奇怪盔突的巨嘴，簡直重到不行。

要在東南亞的雨林裡生存下來絕非易事。像蘇門答臘虎就很少能像牠在動物園裡的最後一批同類那樣，慵懶放鬆地四處閒躺。牠得連續守候好幾天，等著埋伏森林裡那些總是很小心地成群行動的野豬。牠毛皮上的斑紋具有隱藏軀體的偽裝效果，因為大部分哺乳類動物無法區別紅色與綠色，所以在牠們眼中，紅棕色與森林中的綠色是差不多的。

不過東南亞的雨林有些地方跟它處不同。這裡的森林大致是由一個或幾個非常相近的樹種

---

15. 譯註：此處用語在德文上同字源並押韻。

Troides helena ♂
Thailand
Andamanen
Vietnam
SÜDCHINESISCHES MEER
Palawan
West-Malaysia
Borneo
Celebes
MOLUKKEN
Nias
Sumatra
GROßE SUNDAINSELN
KLEINE SUNDAINSELN
INDISCHER OZEAN
Java
Bali Lombok
Sumbawa
Flores
Sumba
Panthera tigris
Amur-Tiger : ssp. altaica
Bengal-Tiger : ssp. tigris
Malaysia-Tiger : ssp jacksoni
Südchinesischer Tiger : ssp. amoyensis
Indochina-Tiger : ssp. corbetti
Sumatra-Tiger : ssp. sumatrae
JOHANN BRANDSTETTER
2019

東南亞的島嶼世界

Flügelfrucht-Bäume Dipterocarpaceae

最占優勢。這些樹大多屬於龍腦香科（Dipterocarpaceae），你可以在這張圖的上方看見它們。其長了雙翼的翅果，是為了在降落時能產生旋轉飛行的效果。它能藉著風飛行好一段距離，如此就不會直接降落在母樹腳邊，得在那裡苦熬數十年，直到母樹哪天倒下，為它空出一個成長茁壯的位置。龍腦香科的樹，在東南亞分布廣泛且數量龐大。不過這裡也有某些地區——特別是在婆羅洲——像亞馬遜那樣，在一平方公里大的土地上就長了上百種不同的樹。有龍腦香樹的森林，相對比較適合種植像橡膠樹或油棕樹，因為若要生長快且產量高，土壤就必須夠好。也因此多龍腦香樹的森林特別容易受到開發與毀林的威脅，而它多樣的動物與植物相，當然也會連帶遭殃。

Malthus, 1766~1834）[16]在一七九八年就指出一種指數性成長的趨勢，他的計量數學思維，深遠影響著在這方面並不特別訓練有素的達爾文，而一百年後的發展，也確實印證了他的假設。顯著改善的衛生環境與醫療服務，是出生率與死亡率差距不斷擴大的主因。連兩次世界大戰高達數千萬的死亡人口，都沒辦法明顯有效地中斷這種指數性成長。

馬爾薩斯的人口指數成長論與達爾文的天擇說，都在赫伯特・史賓賽（Herbert Spencer, 1820~1903）[17]的用語中找到完美的縮寫：適者生存。無法在這個新時代生存下來的人，對社會達爾文主義者來說都是不「適」者。而這便是為雨林添加無數災難、自由到失去節制的資本主義之中心信條，因為對它而言，僅僅是「好」絕對不夠，追求最好（最有利）是永遠的目標。

那些「最適者」可以如此大放厥詞，標榜著資本主義的生存原則來處置大自然，是因為其它生命沒有被賦予「反對的權利」（而且至今除了像原住民這類所謂的「自然之子」是特例外，這個權利始終未受重視）。況且戰爭摧毀經濟之慘重，已足以使當時不管展開任何新事

16. 譯註：英國人口學家暨政治經濟學家，著有《人口學原理》（1798），預言人口增長超越食物供應，會導致人均食物減少；若不加以限制，人口增長將呈幾何速率增加，食物供應則呈算數速率增加。此說雖然至今在社會學與經濟學等領域都頗具爭議，但影響深遠。

17. 譯註：英國哲學家，社會達爾文主義之父，將適者生存應用於社會學，雖爭議性大，但其著作在許多方面都具有貢獻及影響力。

業，都不會遇到舊社會的抵抗。然而這些前殖民地雖一個個重獲自由，事實上卻更依賴那些美其名所謂的母國。如果說過去的殖民地經濟體系，還只是部分以這些母國的直接利益來打造，現在則是連這點顧忌都消失了。因為這些發展中國家從此當家做主，而它們不再受限於只接受特定國家的資本，而是對國際資金敞開大門。就在這樣的背景下，熱帶地區被大範圍剝削的序幕展開了。

五、熱帶林材

桃花心木、柚木、南洋櫸木與美蘭地[18]雖然最廣為人知，但熱帶珍貴原木絕非只有這幾種。在熱帶珍貴原木這個大分類下，共有上百種不同的林材，其共同特徵是材質堅硬，常有漂亮的深紅棕色澤，與甚至優於橡木的穩定耐久性。不會遭白蟻蛀蝕，是這類原木在熱帶地區被利用的最主要原因。由於全年都是生長季，生產這些珍貴木材的樹種缺乏明顯的年輪。因此往好處看，熱帶原木是永續的，因為用它製成的產品，就像人所說的那樣「經得起時間的考驗」。然而如果就產出這些原木的森林而言，情況可就完全是另一回事。

首先，這些熱帶珍貴林材來自生長非常緩慢的樹種，這點就是它們特別堅硬的重要先決條件。而我們從歐洲樹種也明白，柳樹、楊樹及其它長得很快的樹，都屬於軟木。耐久的硬木則來自橡樹、歐洲千金榆、白蠟樹，或針葉樹裡的落葉松。在德國平地或低海拔山區的人工林裡生長得很快的雲杉，也是軟木。這段敘述似乎存在一種矛盾。因為歐洲的樹在冬天會中斷或至少被嚴重限制生長，而樹木在熱帶則可以全年無休地繼續生長。這麼說來北方的針葉林泰卡，應該要由硬木樹種構成，而熱帶雨林由軟木構成才對。

18. 譯註：Meranti 在馬來語中即指柳桉樹，屬腦龍香科樹種，主要分布於熱帶亞洲。

如果只考慮到溫度——它得高出冰點夠多，植物才能生長——與雨量，就會出現上面這種錯誤判斷。因為就此而言，熱帶濕潤氣候區的條件確實非常理想。然而如同之前提過，植物生長也需要充足的營養鹽，而多雨的熱帶森林在這方面可是遠遠不足。同一座熱帶森林裡，如亞馬遜，同時長著桃花心木與巴沙木，就解釋了這個似非而是的矛盾。桃花心木生長在不會或頂多只會短期被水淹沒的「固定土地」上，巴沙木卻生長在亞馬遜被稱為 várzea、經常有河水氾濫的區域。這些氾濫區有洪水帶來的源自安地斯山的礦物鹽，作用就像定期施肥一樣。生長在固定土地上的樹，則得適應貧瘠的土地，它僅有的養分就是常遭暴雨沖刷的風化土中之殘留，與前面提過的，橫越大西洋被信風從非洲吹來的含礦物沙塵。在這種匱乏的環境中，樹木只能生長得非常緩慢，它的木質組織會很堅硬，而裡面所積累的矽酸鹽會讓它更硬。反正就是白蟻咬不了，連斧頭也幾乎砍不動。因此，這類樹木有些在南美洲的西班牙語中會被稱為「破斧木」，例如以極度堅硬的紅木著稱的紅堅木（quebracho colorado）。

簡而言之，這就是兩百年前，當英國人與荷蘭人開始在熱帶擴展他們的殖民帝國時的情況。那些不怕遭白蟻蛀蝕的木材，即使堅硬、笨重且難以加工處理，還是很快就受到高度重視。在傢俱這個領域裡，甚至出現了所謂的殖民風格。隨著蒸汽船的繼續發展，把沉重的熱帶原木運送到歐洲不僅變得可行，也因原木價值高漲而具有經濟吸引力。當時比較講究的人，幾乎都會訂製熱帶原木傢俱。

於是在十九世紀晚期，首波對熱帶原木的大規模利用展開了。第一次世界大戰的爆發只短暫中斷了這股熱潮，因為戰後那些殖民帝國幾乎維持著現狀。這些勢力的崩潰是始於二次大戰，它們的殖民地也因此很快獲得了國家自主權。這些國家對於熱帶硬木的需求，比起歐洲人與北美人要少得多；直到在一九五〇～六〇年代世界經濟景氣的帶動下，外銷才再度變得有利可圖。不過全球對熱帶原木日增的需求，對這些剛獨立的年輕國家——對南美那些更早就獨立自主的國家亦然——帶來的好處，要遠遠少於它幾十年來表面給人的印象。因為有關熱帶原木較困難且較需要技術的利用，幾乎都是交給來自歐洲、北美或日本的跨國木業公司來處理，而他們當然會極力追求自己最大的利益。這導致濫墾濫伐與大面積的毀林，因為珍貴的林木不像人工林裡的樹那樣密集相鄰生長，而是非常分散、甚至常單獨生長在森林裡。熱帶森林物種高度多樣的特性，變成了它開發利用的最關鍵問題。當每平方公里的林地上生長著數百種不同的樹，想特別只開採其中某一種，就得付出龐大的代價。

再加上這些樹的木材特性，也經常非常迴異。全面採伐所有較大棵的樹，獲取的林材品質其實良莠不齊，難以全部銷售。因此只採伐品質最佳者，並留下其它樹不加以破壞，在當時應該是（而且照理說也一直都是）更符合經濟效益的做法。然而鑒於這些樹未來幾十年內生長還是極為緩慢，這座

森林等於在可預見的時間裡也失去了「木材價值」，於是完全砍掉森林，幾乎無可避免地更具吸引力：他們在清理後的林地上展開新的利用方式，例如把它變成牧牛的草地，或後來的大豆栽培。於是最初完全可保留森林只針對單一珍貴林材的開採，很快就變成了大舉毀滅森林的濫伐。

在三大熱帶雨林區裡，因各地土壤條件不同，因此這個過程以非常不同的方式展開。在東南亞和印度南部，殖民時期時就成功開闢了熱帶栽培園，尤其是柚木栽培業與來自亞馬遜地區的巴西橡膠樹栽培。前面說過，十九世紀末時，英國植物學家暨探險家威克翰，成功地將橡膠樹種子偷偷運出巴西。至於在東南亞的天然林裡，經證實，只要生態上出現較多龍腦香科樹種的地方，就能栽培橡膠樹與油棕樹。反之亞馬遜雨林的土壤則不適合，中非剛果雨林的土壤也不怎麼、甚至完全不適合發展栽培業。因此那裡與亞馬遜地區一樣，目前都在上演著最嚴重的森林毀滅。

基於兩個原因，那些跨國木業公司特別偏好開採非洲的雨林。首先，這裡單位面積的林地裡，生長著較多可列入熱帶貴重林材的樹種。其次，那些因解放戰爭與部族戰爭深陷困境的熱帶非洲窮國，可以什麼都不用做，就靠這種方式迅速賺取外匯。他們直接賣掉自己手邊有的資源，在非洲，沒有人進一步思考可能的或可以努力的後續利用方式。

亞馬遜地區的情況則不同。在那裡，砍伐森林採集珍貴熱帶木材，是開墾農地的一種前導階段。因此那並非純粹把森林廉價出售，以求快速換得金錢。在這些開發計畫背後，通常都有著大財團與投資家；假如有世界銀行預先或優先提供資金，當然就更具吸引力。因為那些「未利用森林」並不被視為印地安人的生活空間，他們實際利用森林的行為，不被承認為是某種「利用」，於是開發這些森林有了最好的理由：那是自己國內急遽成長的人口所必需。人民需要生活空間，可是不管在巴西許多其它地區，或在也有部分國土位於亞馬遜的其它國家，「生活空間」根本早就掌控在大地主手中。因此把過剩的人口推向亞馬遜地區，讓那些勇於嘗試的人相信雨林能帶給他們樂園般的未來，在內政上具有打開高壓閥宣洩壓力的作用。

那些歐洲人與美國人最初也砍掉自己的原始森林，把它們變成已開墾地，現在卻想對熱帶國家指手畫腳，要人家留下雨林不能開發，這種主張在當地甚囂塵上。而且從表面看來，這種說法也確實有它的道理。值得再次強調的是，美國境內（一八六七年才購入的國土阿拉斯加除外）超過百分之九十的森林，在二十世紀初以前的區區三百年間就被毀掉了。所以這個論點所主張的是：現在這些熱帶國家在利用與砍伐森林上的所作所為，不過是他們已落後的這種全球開發進程的一種延續。然而，任何比較都不可能無懈可擊，而且這種說法還特別不恰當。因為一地的森林資源是被當地百姓開發利用，一如幾千年來的熱帶森林，還是由外人為滿足利益而大舉開發，當地人卻幾乎一無所獲，這兩種情況可是大大不同。後者是一種掠奪剝削，完全不是永續利用。

那些在永續標誌下經營熱帶原木利用的林業企業與公司，致力於永續利用，以將優良林材推銷到國際市場上，例如印度與東南亞的柚木栽培業。不過這是解決辦法嗎？熱帶森林所面對的問題，究竟能不能有一個「解決辦法」？還是只能在某座森林裡為保護其自然資產邁出一小步，然後一步一腳印地愈走愈好？有一點很清楚，主導原木利用、油棕與大豆栽種這三大經濟活動者，主要是國際金融市場上的巨頭，而不是那些熱帶森林所在的國家，更不是住在當地的人。而身為這三大經濟活動受益者的我們，對熱帶僅存的雨林未來之命運，共同肩負著責任。

六、吃掉雨林的牛

一九七〇年代的歐洲出現了一種新發展，而這在日後為熱帶雨林帶來重大的後果。起因是歐洲經濟共同體的補貼制度，造成穀物、肉品、牛奶與乳製品供過於求。穀物、奶油堆積如山，牛奶則多到泛濫成河，而且拜只是弄巧成拙的因應措施之賜，這些過剩現象更加速輪番上陣。在畜牛業上，欄牧取代了由牧草供應量來決定生產力的室外放牧，水肥經濟也在沖洗處理畜欄積糞的需求下應聲而起。不斷增加的牲口數與動物製品生產力，使從海外進口飼料變得非常有利可圖。在德國與其西北歐鄰國的大部分地區，都有著遠超過本身土地供養能力的牲口數量。土地重劃、水肥與農業化學產品等因素，將農業生產力推至人們過去所無法想像的高點。過剩的農產品於是進入全球市場，並壓低價格。食品表面上愈來愈便宜，但只是「表面上」，因為用來補貼農業的稅收支出，與愈來愈高的乾淨飲用水供應成本，都沒有計入價格中。處理人為污水的成本也不斷升高，因為污水處理廠的排放水「應以」飲用水標準為目標，這種超高的淨水標準不僅所費不貲，而且即使投入的成本高得不成比例，水質的改善仍很有限。這是經濟學上大家所熟悉的邊際效益問題：愈接近邊際效益，就得付出愈大的成本才能獲致些微成果。利潤與成本間的鴻溝，會愈來愈大。

然而即使荒謬無比，整體的畜牧廢水還是被排除在污水處理之外。與人類污水的處理形成強烈對比，動物污水被允許以水肥的形式毫不受限地運送到田裡，甚至直抵城鎮邊緣，並以「可回收」物質來處理。簡而言之，這意謂著牛、豬刺鼻難聞的排泄物是好的，而人類的排泄物很糟。有人常這樣解釋，那是因為含人類排泄物的污水裡有太多有害物質，特別是藥物殘餘，然而以當前動物藥物的高使用率，完全可駁倒這種論點。如今，連糞金龜都無法自然分解草地上的牛糞，因為它「化學變化」得非常明顯。同樣被忽略的還有量的問題，今日畜牧業所產生的水肥量，已數倍於人類所製造的。

指出這個新發展有雙重重要性。首先，因為歐盟農業區——尤其是中歐與西北歐的重點地帶——過高的牲口數量，使得幾十年來其大部分飼料是進口來的。其次，也因為這樣的發展，全球的肉類產品產生了競爭壓力。產自阿根廷彭巴地區、烏拉圭與巴西南部開闊草原的頂級牛肉，遭受到來自歐洲與美國量產肉品的威脅。基於土地面積較大，美國的肉類產品並不那麼依賴從南美或其他熱帶、副熱帶地區進口飼料；因此身為競爭者，歐洲產品對全球的影響更大，從全球生態觀點來看，其所帶來的後果也更加嚴峻，這點之後會再詳述。

面對漸增的競爭壓力，巴西的作法是擴大本身肉品的生產力，以增加產量減低售價的原則來平衡。以往大致集中在南部各州，尤其是「彭巴草原州」南里約格蘭德（Rio Grande do Sul）的飼牛業，現在則大舉往亞馬遜的方向擴張。然而亞馬遜與先天就是草原的彭巴不同，草生長在此處伐林後的土地上，不管是質或量都只有幾年的好光景。你沒辦法把熱帶雨林就這樣改造為高生產力的草地；對牛來說，也不是所有的草都適合吃，尤其是南美熱帶本土的禾草類。非洲的草應該比較可行，那裡有經得起熱帶豔陽曝曬且可生長在貧瘠土壤上的草類。

牛本身也出現了適應上的問題。來自彭巴草原區的牛，也就是身強體壯的克里奧爾牛（Criollo），適應不了或根本就無法忍受熱帶的環境。克里奧爾牛源自歐洲牛種，在彭巴草原上已生活數百年，那裡的氣候條件，和西班牙以及其他南歐地區相當或類似。彭巴草原上的這些牛，形成於一種半天擇的過程，強烈受南美洲南部副熱帶到溫帶氣候條件的塑造。簡而言之，彭巴的草料與氣候都非常適合牠們，但熱帶並不適合。遠比牠們更適合熱帶環境的是肩峰牛（Zebu），這種牛是在印度類似氣候環境下，以家牛的形式被育種而成的。比起遠遠更渾圓結實的克里奧爾牛或其他歐洲、北美高效培育出來的牛種，肩峰牛修長且肩背高起的體型，較能應付熱帶的高溫；牠顏色灰白、薄細的毛皮，在陽光下也比棕黑色的牛更不易吸熱。因此亞馬遜的開發，就是以這種在巴西被稱為「bramas」的肩峰牛來進行。

這裡強調這種牛有個更深的背景因素，即亞馬遜與非洲及東南亞不同的自然特性。南美洲原本並沒有牛，這裡天生就缺乏與牠相當的食草動物，而亞馬遜也原本就沒有可讓反芻動物食用的禾草類植物。然而非洲和東南亞的情況並非如此，在那裡的熱帶地區，甚至在真正的雨林裡，都生活著各種不同且體型很大的牛。非洲的森林水牛是莽原水牛（或稱非

洲水牛）較小的一型，南亞及東南亞則有更多大小不一的牛種，其中已經馴化為家畜的水牛，對人類更尤其重要；而這些地方也有著茂密的草類與灌木植物，可供牛與其他反芻動物食用。非洲與東南亞的雨林邊緣都接續著莽原（或近似莽原），那裡有種類繁多且具強烈特色的反芻動物，從差不多只有野兔大的小羚羊，到瞪羚、大羚羊與巨大的水牛。這些反芻動物大多生活在東非與東南非的草原上，那裡的土壤通常來自火山活動，而且就位在遼闊的河岸沖積平原上。南亞與東南亞的反芻動物，則比較明顯分布於森林與沼地。

上面的概述，或許能解釋一九七〇年代以來亞馬遜的環境演變。人們在清理後的林地上，打造出一種完全不同的「自然」，成分是來自異國的草，與同樣來自異國的食草者，也就是牛。在彭巴地區至少草原是天然的，而原駝——一種在南美洲本土演化而成的小駱駝——自然也在那裡吃著草，牠們被馴化為家畜的後代，就是我們所熟悉的駱馬與羊駝。隨著歐洲人的移墾，原駝在南美洲非熱帶區的主要棲息地，幾乎全被綿羊取代了。亞馬遜雨林在過去，並沒有能被成群放養在人工草地上的動物。只有一種亞洲水牛，在自然環境沒有太大變動的情況下，成功地在一個整體看來非常小的區域定居下來，也就是在亞馬遜河口三角洲的大島馬拉若（Marajó）上。不過即使有亞馬遜河定期氾濫所帶來的營養物質，水牛的生產力仍然非常有限。要獲得像在南亞與東南亞那樣重要的地位，牠們是遠遠不及；連要像在中歐那樣被用來維護地景也很困難。原因很簡單，由於這裡自然生產力十分薄弱，即使是需求很低的水牛，都無法大量繁衍擴大族群。

至於那些深入亞馬遜雨林區裡的牧草地，情況又遠比這極端。在這些伐林後的土地上進行放牧活動，完全不能以歐洲或北美的標準來衡量。為了維持足夠的生產收益，每隻牛平均應有的草地面積，經常必須以數倍於非洲乾燥區的規模來計算。如果依歐洲的情況來說，「數倍」意謂著：開闢出面積像一個郡或縣那樣大的養牛場，只為了在上面養幾千隻牛。像我們酪農業欄牧那樣高的牛隻密度，在這裡根本不可能。為了能夠有好收益，肉牛養殖必須從面積下手。而這種作法在某種程度上竟然能成功，得歸因於外來資金的贊助。沒有這些，牛肉生產在亞馬遜地區根本就不符合經濟效益。

與此同時，歐盟內部高度補貼肉類產品的壓力依舊很大，而且還愈來愈大，因為不僅工廠化的大規模畜牧業持續供應更便宜的肉，隨著歐盟向中、東歐擴張，也有更多農地成功加入享有這種補貼的行列。這當然引發了一種「保護環境」的反彈，而人們的因應方式是：將動物飼料的生產，轉移或擴大至南美洲與東南亞的熱帶、副熱帶地區。從全球視角來看，我們的牲口開始一步步吃掉熱帶的雨林。大豆與棕櫚油這兩種主要產品，代表了那些熱帶國家的雨林——尤其是南美洲——在先被自己飼養的牲口吃掉後，所遭受的第二階段破壞。這些產自雨林墾殖區的肉品，在品質上完全無法與人們所熟悉且期望的巴西南部肉品相比。不少德裔巴西人這樣說，養在雨林裡的肩

峰牛的肉，該列入Zäh-Bu（「硬得要命~噁！」的諧音）等級，比較適合用來當狗飼料。不過這種肉確實有很大一部分進了全球寵物食品市場。據說德國貓、狗寵物對肉製品的需求量，差不多就跟法國人（注意！是「人」）的需求一樣多。

反正巴西的牛口數，在千禧年之交時趕上並隨後超越了印度。然而這兩者之間存在著巨大的差異，因為在印度，那些聖牛大致仍「自食其力」，沒有人為了牠們（目的是取得牠們的肉）砍掉成千上萬平方公里的森林。不過這兩國龐大的牛口排放到大氣中的甲烷量是如此驚人，竟成為影響全球暖化的重要因素。做為「溫室氣體」，每公斤甲烷所產生的效應，幾乎是二氧化碳的三倍。在甲烷之外，還有同樣來自農業活動且被俗稱為笑氣的一氧化二氮，這兩者一起在大氣中對溫室效應的「貢獻」，並不亞於我們通常會特別強調的二氧化碳。

更集約使用砍伐後的林地以栽培大豆，轉移的並不只是利用形式，也代表一種高度成長的新部門的來到。因為飼料作物價格更好，為種植它而砍伐雨林早就更具吸引力。

它所帶來的收益，高於把地用來為當地百姓生產糧食，結果便形成一種與人類糧食的競爭。第三世界的飢餓現象，反映出第一世界的畜牧業問題。如果那些被大面積清除的林地所生產的大豆都能提供給百姓，巴西根本不會有百姓挨餓與匱乏的問題。巴西其實不需要再開墾更多雨林，以它現有的耕地面積而言，養活兩億一千萬人口根本綽綽有餘。在非洲與東南亞，情況基本上也是如此。會有許多人遭受飢餓與匱乏之苦的地方，其農業生產幾乎都是以出口全球市場為主。人們早已知道，全世界的糧食生產完全足以適度養活所有的人口；千百萬人之所以挨餓，問題主要也是出在「分配」。關於分配，指的當然不僅僅是運輸，更重要是土地利用的收益分配。為什麼歐洲畜欄裡的牲口為世界帶來了飢荒？我們可以從進一步探究大豆這個作物來得到答案。

七、大豆的勝利凱歌

大豆的學名叫 *Glycine max*[19]，是提供人類食用的重要農作物之一。就產量而言，它雖然不像小麥、玉米和稻米那樣名列前茅，但在植物蛋白質的含量上，它可是所有被大規模栽種的農作物之中最頂尖的。大豆在西方世界的名稱（不管是英文或德文讀起來都很像），來自日語的醬油（*Shōyu*）。大豆蛋白質在日本一般人的飲食中，更是最普遍豐富的一種蛋白質。而我們最熟悉的大豆製品便是豆腐。

大豆這種作物也源自日本[20]。一六九一～一六九二年間，恩爾伯特·肯普弗（Engelberg Kaempfer, 1651~1716）[21]在日本認識了大豆並向西方世界介紹了它，但直到將近半世紀之後，才又有人在植物園裡對它感到興趣，只是當時並沒有多大的成果。在美國開始種大豆後，才逐漸有所斬獲。二十世紀初，高產量品種與用大豆來榨油開始盛行，這使它終於獲得很大的、最後甚至是全球的重要性。高油脂含量也是這種植物的特性，大豆油在北美與歐洲廚房裡的使用率愈來愈高。

隨著世界人口幾乎爆炸式的成長，與二次大戰結束後威脅千百萬人的飢荒問題，大豆高達百分之三十七的蛋白質含量，變成了眾人矚目的焦點。因為其蛋白質在成分質量、也就是各種胺基酸含量上，幾乎與肉類相當，所以不管從單位面積產量（公斤／公頃），或從在食物鏈中所發揮的效應度來看，大豆蛋白質的生產都遠優於動物性蛋白質，若從全球觀點看糧食問題，這點更值得強調。由於在肉的生產過程中，被消耗的食物平均只有百分之十到二十真正變成「肉」，其它絕大部分都直接消失在動物的新陳代謝作用中，因此肉品工業無不試圖盡量限制牲畜的活動機會，以提升飼料的效益。在這樣的情況下，動物福祉當然也就被撇在一邊。

這點我們不繼續深入探討，因為這裡要說的是栽種大豆對熱帶森林產生的後果。不過必須強調的是，每個利用營養物質的過程中，大約都會有百分九十的養分與能量「消失不見」，這合乎自然的規律，也是一種生態基本原理。因此位居較長食物鏈頂端的動物，本來數量就會比較少。人類曾經也處在這個位置，而且有非常漫長的一段時間是以狩獵與採集為生，居無定所地四處移動。事實上，過著這種生活型態的族群至今仍零星存在著。

以上暫時的離題，能讓我們更了解種植大豆的問題。因為在大豆身上，還有其它基本生態

19. 作者註：這種豆科植物的屬名 *Glycine* 意謂著「嚐起來是甜的」。一九三八年，美國植物學家（Elmer D. Merrill）把原本由林內所建立的學名 *Dolichos*（扁豆）改成此名，而它的日本名稱被普遍接受。大豆在日本，早在西元前三千年就已被栽種並利用，未經處理的大豆具毒性，而加熱可以破壞其毒素。榨出油脂後剩餘的豆渣，幾乎可完全用來作為動物飼料。

20. 譯註：有關大豆野生種與馴化種之起源地及時間說法不一，許多研究也顯示中國是最早種植利用大豆的區域，無論如何，東亞地區是大豆起源地毫無爭議。

21. 譯註：德國醫生、博物學家及探險家，曾以近十年時間周遊俄羅斯、印度、爪哇、暹羅與日本各地，留下許多關於當時亞洲的珍貴紀錄，著有《日本誌》等書。

原理在相互作用。例如它就是透過與一種特殊細菌共生，來獲得特別高的蛋白質含量，而這種會在它根部蔓生出小瘤狀物的根瘤菌，學名叫 *Bradyrhizobium japonicum*。它能從空氣中吸收氮素，並與其發生化學作用而結合。因此對大豆而言，這等於有源源不絕的氮氣來提供它生長並製造蛋白質；它完全不需仰賴土壤得先含有必要的含氮化合物。這種化合物存量若在密集耕種後被耗盡，土壤通常得再施肥。在號稱化學肥料之「經典」的 Nitrophoska 裡（一九二七年由巴斯夫〔BASF〕化學公司所開發），氮成分（以銨鹽的形式）自然占有很高的比例。這種人工肥料，使農業生產提升到一種全新的、過去只有特優土壤才可能達到的水準。而大豆與根瘤菌的共生關係，等於免費提供了昂貴的人工肥料氮素。這使它以及其它與根瘤菌也有類似共生關係的豆科植物，在農業經濟上是如此珍貴。

大豆的重要性，還能從另一種基本生態關係中得知。在描繪幾個較大熱帶森林的特性時，我們已大致提過它們土壤中營養物質（營養鹽）的可得性問題。不過重要的並非只是營養鹽的絕對量，而是還有植物所需的營養鹽比例。李比希最低量定律（Liebische Minimumgesetz）說，限制作物生產量者，是相較於其它要素（依作物需求而定）最缺乏的那項。以對植物生長最重要的三種要素：碳（C）、氮（N）與磷（P）來說，這種比例關係是100（C）：16（N）：1（P）。碳這種元素，植物可以從空氣中的二氧化碳取得（然後回報以氧氣）。至於氮素，大部分植物則必須仰賴土壤中既有的含氮化合物（特別是硝酸鹽），然而這種物質可溶於水，因此一地降雨量愈多，它就愈容易被淋溶流失。土壤中的磷也具水溶性，它在許多地區會經由岩石風化釋出，不過前提當然是那裡必須有合適的基岩，可惜許多農業用地都有磷含量不足的現象。大豆的優勢，就是它能自己從空氣中取得氮素。

而這就與熱帶森林有了直接的關連。高降雨量使那裡的土壤養分不斷流失，除了某些小面積區域有火山基岩之外，植物生長所需要的養分幾乎到處都匱乏。不過拜多雨之賜，水在這裡完全無虞，空氣中的二氧化碳當然也是，而一年到頭都很充足的陽光與熱力，更是綽綽有餘。因此在這裡長得好的植物，通常都把能量投注在「拼命長枝葉」，而很少花在形成富含營養的種子或果實上，像甘蔗或能提供天然橡膠的橡膠樹就都是。因為糖、澱粉、乳膠，以及許多其它有著複雜化學形式的植物成分，都是光合作用的直接產物，而這些植物成分都與所謂的碳氫化合物有關，甚至連石油也是由這種化合物所組成，因此它們與石油一樣都是「能量載體」，而非「蛋白質載體」。

至於大豆就不同了。小麥也是，只不過差異要小得多。因為小麥穀粒所含的（麩質）蛋白，比大豆少三分之一。種植小麥需要好的土壤，想維持高產量就得施肥。而大豆的需求就少得多，這使情況大不相同，也解釋了為什麼大豆在熱帶和副熱帶地區的栽種，在過去一百年間有如此卓越的成長。在兩次大戰之間的短短幾十年裡，美國的大豆栽種面積（主要在南方各州），從不到八十萬公頃暴增五倍有餘，變成四百二十萬公頃。它在十九世紀末時的全球栽種面積根本微不足道，如今已增至約一億二千五百萬公頃，年產量高達三億五千萬公噸，成為全世界最重要農作物之一。

大豆成功的故事是獨一無二的。這種豆科植物愈來愈常被種植在熱帶以外氣候較溫和的地區，連德國（年產量約六萬公噸）和奧地利（十八萬五千公噸）都有。然而比起那些生產大國，例如位居龍頭的美國（一億兩千五百萬公噸）與巴西（一億兩千萬公噸），這樣的產量當然非常微不足道。而美國也以大豆催逼著歐盟市場，因為基因改良大豆仍面對許多抗拒與阻力。

有關這方面能闡述的當然還很多，不過這裡要談的是大豆與熱帶森林的關係，以及其產品究竟有何用途。前面說過，大豆絕非只能在熱帶濕潤氣候區大規模種植並獲得高產量。全球大豆生產前十名，依序是美國、巴西、阿根廷、中國、印度（至少很大一部分）、巴拉圭、加拿大、烏克蘭、俄羅斯及玻利維亞這幾個國家，當中有許多屬於非熱帶國家。熱帶森林因大豆生產而遭受破壞，主要發生在巴西。這些大豆多半為海外市場而種，巴西只用掉百分之四十自己所生產的大豆，其它百分之六十都是外銷。主要銷售地是歐洲和中國，而且還在上升中。

歐洲進口的大豆，是其工廠化大規模畜牧業所需飼料的主要來源，因為這些需求根本無法靠歐洲本身的生產來滿足。也就是說，我們並不是因為缺乏糧食或蛋白質不足而進口大豆，而是因為養了數量驚人的牲口。於是我們以這樣得來的廉價肉品，一步步吃掉了南美洲與其他大豆愈種愈多的熱帶地區的雨林。破壞雨林來栽種大豆，並不是因為我們蛋白質攝取不足，即便全球確實有千百萬人深受其苦；真正的罪魁禍首，是高度工業化的肉、乳製品產業。它得依靠大量的進口飼料，因為其需求已遠遠超過當地農地的生產力。

此外，根據政策上的指示，從二十一世紀初開始，歐洲的農地應該多種可生產「綠色能源」的「生物量」。於是僅僅在德國，玉米的栽種面積就已經少掉了大約一百萬公頃。這整個體制的作用，簡直可比十九世紀那種旨在剝削被屈從國的殖民主義。它不過是以一種更精巧隱晦的方式，透過為肉品工業進口飼料在繼續運作著，並為自然環境帶來更災難性的後果。

這整個過程涉及非常有利可圖的出口貿易，它通常在「世上之飢荒」必須被制止的幌子中被合理化。假如改善第三世界國家的食物供給確實是目標，歐洲的農業就必須重新以自己的資源為重，不再進口飼料與其它輔助物資。而那些熱帶國家的土地，則交由當地百姓根據自身需求來規劃。如果讓全球為輸出而生產的大豆，都成為人可直接獲取的食物，這個世界便不會有飢餓，也不會有因食物品質低下而產生的營養不良症。這將會十分有效地減少牲口量，使它與我們田地的自然負載力相容。這有益世界達成維持當前既有氣候狀態的目標，而且即使不能完全舒解，也肯定會大大減弱迫使數百萬人移向「富裕地區」的壓力。

熱帶雨林不會在最飽受飢餓折磨與社會形勢最偏離人之基本需求的地方。全世界這些問題叢生之處，很明顯都位在那些適合栽種大豆或某些多年生作物的區域。那裡過去世世代代的人，都很合理地幾乎沒損害到那裡面的資產，即使是在森林裡進行刀耕火種的游耕。把人推進貧困泥淖並讓千百萬人挨餓的，是那些栽種面積廣大的農業型態。假如不被用來餵養富裕國家的牛，而是直接提供給當地農村或大城市貧民區裡的窮困百姓，大豆會是一種有效的解藥。我們肉品市場上每種「價美物廉」的商品，都為別人帶來飢餓和不幸，也更加迫使他們自己使用這類最廉價的商品。

我們不該過度生產肉類，並把它變成國際市場上的競爭商品，而是頂多在真正有更大需求時，再從彭巴這些地區進口。儘管我們都知道像現在這樣吃這麼多肉，有礙身體健康，但還是持續這麼做。生產廉價肉品還是繼續得到國家稅金的鉅額補貼，支持農業補貼政策並讓它繼續執行的人，同時也更大聲地在哀嘆這個世界的貧窮與飢餓，還自栩為道德領導人物。大豆確實極其珍貴——對那些拿它來做生意的人來說。

八、「綠色能源」簡史

早在一九六〇年代晚期，巴西就開始從甘蔗中提煉生產生質酒精，因為這個國土無比遼闊的國家雖擁有許多自然資源，卻沒有自己的石油礦藏，所以它不管在工業或交通運輸上，都非常依賴原油進口，一如無數的其他熱帶國家。其實巴西的工業能源應可由水力供應，畢竟它擁有一個涵蓋地表整體水流量四分之一強的河流網路。以電力驅動汽車並未被列入考慮，至少在當時還沒有，因為巴西幅員遼闊，但電動車的續航里程又太有限。於是，巴西把燃料開發重點定位在生質酒精，而且以其甘蔗栽培面積之廣大，一開始都還能滿足激增的汽車燃料需求。此時栽培甘蔗的區域，也大致分布在亞馬遜雨林之外。

不過另一處物種非常豐富的雨林，卻已淪為起飛中的經濟發展之犧牲品。那是「Mata Atlanctica」，巴西的大西洋海岸雨林，從里約北邊的山區一路綿延兩千多公里，直到巴西南部的熱帶邊緣及副熱帶地區。它在一九七〇～八〇年代之間，約百分之八十的區域遭到砍伐，剩餘的部分則有如孤島般嚴重破碎，散落在利用非常集約的耕地間。這片森林之所以成為雨林破壞的首批受害者，是因為它就鄰近巴西東部海岸的人口密集區。那裡有眾多雄心勃勃的百萬人口大城，從巴西的經濟核心聖保羅，到里約及更南方的古里提巴（Curitiba）、阿雷格里港（Porto Alegre）這些大城。約莫有一半的巴西人口，就聚集在這狹長的海岸地帶，而這自然日漸壓迫它背後的這片海岸森林。

德國福斯汽車集團在巴西的子公司（VW do Brasil），還曾經在一九六〇年代投資畜牧業，並在這片腹地取得許多土地以生產牛肉。亞馬遜地區太遠了，在當時擔心他國勢力覬覦的軍政府眼中，它遠得很具威脅性。而其因應對策是：在亞馬遜的核心城市瑪瑙斯設立自由貿易區，並開始修築一條橫貫亞馬遜雨林的超級公路。這條泛亞馬遜公路（Transamazonica）雖然最初爭議很大，但由於大致是以外來資金修建，所以它的路線是不是從某個「鳥不生蛋的地方」到另一個「鳥不生蛋的地方」，也沒多少人在意；重要的是透過開發亞馬遜地區來鞏固領土權，還有像其他人在亞馬遜西緣的玻利維亞東部與厄瓜多所做的那樣，放眼石油探勘。

不過製造生質酒精的栽培業，並沒有推進到亞馬遜地區，那裡的土壤條件太糟，運輸路途也太長。進來的是毫無田產的墾殖者，他們有時在巴西政府的積極鼓勵下，沿著新建成的公路定居下來，並開始往森林裡伐木墾地。類似的行動，也在秘魯與哥倫比亞的亞馬遜地區進行著。不過在此同時，這裡的經濟利益也愈來愈集中在礦產資源。巴西開發了世界最大的鐵礦與巨大的鋁土礦區，以生產飛機工業的主要原料鋁金屬。

東南亞的情況則有別於此。在棕櫚油以「有機原料」之姿被更廣泛利用且在全球大受歡迎後，油棕栽種園在這裡就開始擴張，這點我們將在下一章詳細探討。而且不僅在初期發展階段，連它在千禧年之交時的急速成長，居然幾乎沒有引起國際或其本國環保組織的注意。這肯定有很多原因，但政治角力在其中扮演非常重要的角色，而在那之後的情勢，是美國人打敗了越戰，與中國崛起成為東南亞地區的霸權。由於讓印尼政府失去對你的「好感」，絕對是政治上的不智之舉，於是反對雨林破壞的運動主要集中在南美洲，尤其是一九九二年舉辦過《里約地球高峰會》的巴西，該會議的目的，是想更全面地推行保護熱帶雨林。

不過當時為保護自然資源及永續發展所「表決通過」的公約，已經證實是雷聲大雨點小。就連倡議發起此公約的德國，都無法恪守宣言，努力以身作則發揮影響；「身為先驅者」這個經常被掛在嘴邊的用語，很快就變成了毫無意義的空話。而大家似乎也都不想公開道破，反正所謂的示範作用，眾所皆知也就是這麼一回事：說得愈振振有詞，做得就愈差強人意。

德國甚至大幅增加棕櫚油進口，並以大豆做為牲口的精飼料，這等於變本加厲地成為破壞雨林的幫兇，不僅違反身為示範的要求，還完全藐視里約公約。德國的能源轉型政策，更助長了雨林的毀滅。那些被稱頌為「綠色能源」（且至今還一直如此被標榜著）的物質，實際上經常是地表大氣的主要汙染來源，也是破壞生物多樣性的頭號兇手。打從新千禧年之始，德國的能源轉型政策，就對氣候與生物多樣性發揮著最廣泛的負面效應。

為了讓那些新興工業國與第三世界國家能「同舟共濟」，一開始人們就接受了這個重大錯誤。他們把那些國家直接排除在造成全球氣候變遷的共責者之外，甚至不把工業國

伐林墾地——婆羅洲

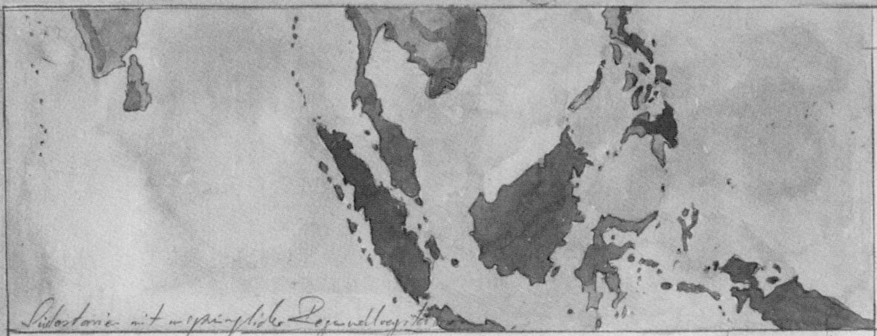

BORNEO

Kalimantan, Brunei, Sabah, Sarawak

1950

2000

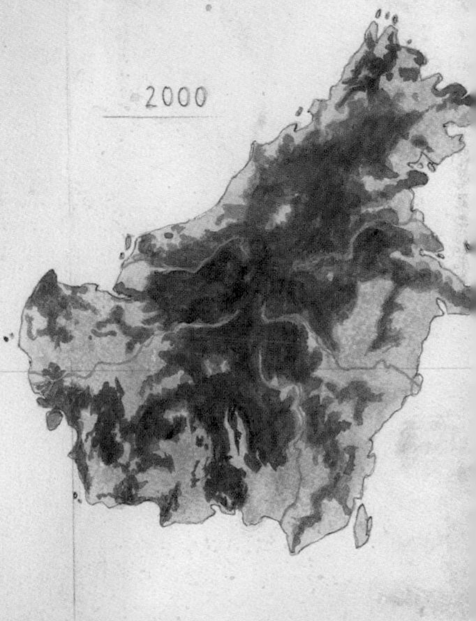

Borneo bildet das Zentrum des nach Amazonien größten, aber in viele Inseln zergliederten südostasiatischen Regenwaldes. Um 1950 war es noch weitgehend von tropischem Regenwald bedeckt. In diesem lebten indigene Völker mit besonderen Kulturen zusammen mit dem zweitgrößten Menschenaffen, dem Orangutan. Wald-Mensch bedeutet sein Name, und wie die Menschen die Borneos Wälder seit Jahrtausenden bewohnten, ist seine weitere Existenz aufs Höchste bedroht. Denn für Palmölplantagen wird der Wald vernichtet und mit ihm verschwindet eine Fülle besonderer Arten von Tieren und Pflanzen, die es nirgends sonst gibt. Das Sumatra-Nashorn, einst über weite Teile Südostasiens verbreitet, ist auf Borneo im Aussterben begriffen. Diese große Insel war von Menschen immer nur dünn besiedelt, denn ihre Böden sind wenig fruchtbar. Mit dem Import von Palmöl vernichten auch wir tropische Regenwälder.

家因利用資源而在熱帶及副熱帶地區產生的影響計算在內。德國養在畜欄裡的牲口，與用來當汽車燃料的生質柴油，分別為南美洲與東南亞帶來什麼，不會反應在自己國內的各種環境收支上，因為砍伐熱帶森林不是發生在這裡，是發生在遙遠的熱帶。而在那裡，它被看成是一種對「可更新」資源的利用。

於是里約公約在這個簡單的政治花招下成了一張廢紙；而我們的世界被清楚畫分成對全球環境壞的北方國家與好的南方（熱帶）國家。雖然遠在熱帶的另一邊，還有地理位置更南的南美洲南部與非洲南部以及澳洲，但它們是北方國家文化的延伸，自然也算北方的一份子。

以當前這種架構，熱帶雨林是無可救藥的，能源轉型對它而言成了一種凶兆。綠黨總喜歡指責巴西總統鼓勵人民開發亞馬遜，卻不問為什麼這樣的開發具經濟效益，還有是誰在買那些產品。當二〇一九年的南半球冬天巴西發生森林大火時，德國總理提供了「金援」以協助其重新造林，就好像這場大火只是不小心意外引發，沒有為任何人帶來利益；對於在森林已不復存在的地方重新造林的困難，則絕口不談。

這種政治反應，再清楚不過地說出了我們政策上的沉痾。不過這些沉痾一點都不該被「治癒」，否則必然會連帶引發其它後果：不能再進口巴西大豆，也不再有東南亞的生質燃料。這種農業政策的轉變對美國是有利的，畢竟多年來他們一直希望德國（與整個歐盟）能多進口美國大豆產品。因此就這個目標而言，亞馬遜的這場火來得正好，反正巴西大豆也被基因改良過了。而政界對這場火的驚愕反應，除了是場裝模作樣的鬧劇外，什麼都不是。

九、棕櫚油的關鍵角色

棕櫚油是僅次於大豆的熱帶雨林殺手，而知道這點的人要少得多。像「拯救雨林」運動就把它稱為「雨林之死」。太誇張了嗎？一點都不！長久以來，我們確實都太過低估油棕栽培園對雨林面積縮減的涵義。也因為它的葉子簇生頂部成團扇狀，高大的油棕樹在衛星航照圖上，例如用 Google Earth 來看，總讓人留下那是「森林」的印象，不像林地清除後闢成的大豆田或牧牛草地那樣，會被強烈突顯出來。

而那是一種怎樣的規模？拯救雨林組織所使用的數據，統計年鑑裡都找得到。例如歐盟僅僅在二〇一八這一年，就進口了七百六十萬公噸的棕櫚油。其中超過半數，約四百萬公噸，變成生質柴油進了汽車的油箱；兩百六十萬公噸進入食品、動物飼料或其他工業用途；還有一百萬公噸，在發電廠裡被轉換成電力或熱力。不論是披薩、餅乾、乳瑪琳、肥皂、化妝品等等，都含有棕櫚油。即使你沒注意到它，它還是無所不在。

跟主要是進口做為牲口飼料，用來大量生產肉品的大豆不同，棕櫚油很難被清楚歸類。我們幾乎什麼都會用到它，但在歐盟境內這存在著差異。例如拜二〇〇九年通過的可更新能源準則之「賜」，德國幾乎有四十五萬公噸的棕櫚油與棕櫚籽油，變成了汽車的燃料。這其實完全悖離了使用可更新能源的意義，因為透過毀掉雨林來生產這類替代燃油，最後只會讓更多、而不是更少二氧化碳進入大氣中。但這能使德國氣候收支保持平衡，因為不管是生產、與其相關的後續損害或運輸到歐洲的成本耗損，在統計上全都轉移到來源國家，也就是收支被技術性外部化了。

也因為森林變成了油棕栽培園，許多原住民失去他們生存的自然根基，並淪落至大城市的貧民區裡。而那些挺身為他們發聲的科學家、環保人士或人權團體，儘管試圖推翻這種本質上已大錯特錯的政治決策，卻還是徒勞無功。在二〇一八年六月十四號這天，歐盟更完全違反現實，將以棕櫚油為生質能源之許可延長至二〇三〇年；而這個許可原本應該提早十年，也就是在二〇二一年就到期。對雨林來說，這會是失落的十年，對布魯塞爾農業生質燃料部門的遊說團體來說，卻是個天大的勝利。由於棕櫚油的用途如此之廣，做為生質燃料混合物也很難跟歐洲本土產品有所區隔，所以我們連要有效抵制都難以執行。因此絕大部分的柴油車車主，都寧願相信這種混和燃料對環境有益，可惜它對氣候的危害，事實上卻更大於沒有這種添加物的普通柴油。

棕櫚油主要生產於熱帶東南亞，不過在非洲也愈來愈多。目前油棕樹的栽培面積將近三千萬公頃，而且大多分布在那些人口眾多且密集，急需把土地用來種植糧食作物的地區。這些栽培園每年可產出六千六百萬公噸的棕櫚油，因此它是全球產量最高的植物油，在市場上與油菜花油、椰子油及其它種類的植物油是競爭對手。棕櫚油的主要產地早就已經不再赤貧，而是被視為發展中國家，因此主張「我們負擔得起大量進口這些產品，而這也可以幫助窮國發展」這樣的論點，已經變得非常有待商榷。其實情況更應該相反，因為其中真正的受益者，更常是少數跨國企業集團，而不是當地將森林視為生活資源的貧窮百姓；他們甚至被歸罪為全球氣候帶來負擔，但真正的罪魁禍首其實是我們這些棕櫚油的使用者。

油棕栽培業的擴張，對生物多樣性也是一場災難。因為那些為栽培油棕而清除林地的地區，物種正好特別多樣。東南亞的半島與熱帶島群之物種多樣性，比起亞馬遜及熱帶中美洲毫不遜色。熱帶非洲則擁有全球物種的五分之一，然而這並不代表它就比較不重要，因為這裡所含蓋的熱帶動、植物物種，完全不同於南美洲與東南亞。

油棕樹的要求很低。即使在對其他作物可能一般或甚至很糟的土地上，它都能長得很好。只是原本物種非常豐富多樣的森林，在變更為栽培園後，整體的自然生產力便嚴重削減，只用來生產有一長串化學式的碳氫化合物——油。由於缺乏蛋白質，油可說是某種不含高質量營養物質、被儲存起來的太陽能；因此從（生物）化學的觀點來看，生產棕櫚油，就相當於從甘蔗這種熱帶作物中煉製出糖。人不能直接只靠棕櫚油或蔗糖活命，這兩者主要是能源載體，也只是能與其他食物混合的間接食品。而大豆就不同了。如前所述，大豆含有高得驚人的植物蛋白質，這使它在某些文化圈中成為肉的替代品。然而南美洲並沒有蛋白質不足的問題，那裡的植物性蛋白質產品，也就是大豆蛋白質，自然進入了海外市場，就像

東南亞多餘的油用來出口一樣。

印尼以百分之五十八的市場占有率，成為全球棕櫚油出口冠軍，其次則是占有百分之二十六的馬來西亞。這兩國合計人口總共超過三億，是巴西人口的一倍半，然而相對於巴西面積廣達八百二十五萬平方公里，這兩國合計則「只有」一百二十五萬。扣除掉巴西所完全沒有的高大火山區，在東南亞的油棕主要栽培區，人口密度幾乎是巴西的十倍。這些數字對當地人來說不是遊戲，而是殘酷且嚴重影響他們生活的框架條件。對紅毛猩猩來說，森林變成油棕栽培園甚至威脅到牠們的性命。

這種對栽種區的百姓與全球氣候都影響劇烈的作物，如其學名 *Elaeis guineensis* 已透露，是源自西非幾內亞地區。在對它最有利的雨量充沛的環境中，一棵油棕可結出高達五十公斤的果實，而它們在逐漸成熟時，顏色會由橘紅轉變為鮮豔的暗紅或幾近全黑，果肉則含有百分之五十到七十的珍貴油脂。它的果仁也富含油脂，壓榨後以棕仁油之名來銷售。這些油含有相當高的熱量，每十公克將近九百大卡（約 3,773 千焦耳）。油棕的果實產量始終很充足，因此可年復一年持續收成。

基於土壤因素，油棕在它的西非故鄉長得沒有在東南亞好。東南亞除了有地質較年輕、深受火山作用影響的土壤，季風氣候也提供了更明顯有利的生長條件。與來自亞馬遜地區且史上首度以純林型態在東南亞栽種與利用的橡膠樹一樣，被移植到東南亞的油棕不僅產量更高，還讓棕櫚油成為全球最重要的自然產物之一。殖民時期的荷屬印尼，就已經有大型油棕栽培園，馬來西亞則自一九二〇年代起也開始種植。許多昆蟲（如犀角金龜與紅棕象甲）、真菌甚至特有的病毒，都威脅著這種樹種與樹齡都很單一的栽培業，因此經常需要大規模噴灑農藥。

十、雨林裡的侵占者

還沒有變成栽培園或養牛場的熱帶雨林，所面對的最大威脅是汽油鏈鋸，因為它早就取代了斧頭和火。現在砍伐清理面積較大的森林，再也不像過去那樣，需要大批身強力壯的男丁一起揮汗勞動。那些伐木工人是一種傳奇。一旦道路鋪設，「入口」被打開，許多家庭或幾人成群，便能憑著鏈鋸闖進森林。在這種簡便的新技術幫助下，那些無田產者得以對這片地表最後大型保留地大刀闊斧地進行開發。人們完全以開拓蠻荒西部的方式來任意取得土地，即使國家已分配指定土地給他。

依照規定，這些土地上的森林最多只能砍掉一半，用意似乎良好，事實卻證明無法藉此達到想保留足夠雨林的目的。因為當墾民把自己剩餘的土地賣掉，那些土地也適用同樣的原則，所以人們可以把許多這樣一塊塊的土地併成一大塊，然後再砍掉那上面一半的森林。在非洲與東南亞的土地開發完全沒有採用這種模式，那裡是由人口快速成長的現實壓力來決定，大致就像情況類似、土壤也相對較可用的中美洲。

儘管原因可能完全不同，人口壓力確實存在著。亞馬遜的人口密度始終很低，剛果盆地的大部分地區，也有足夠的適合空間容納需要土地的人。如前所述，人口壓力很高的地區，是在非洲中部與最明顯的東南亞。面對成長中的人口，它們只有兩種選擇：改善既有耕地的糧食生產力，或開墾森林，亦即擴大耕地面積。至於哪種選擇比較好，在土地所有權允許的情況下，是決定於土壤的品質。而一個經驗法是：土壤好的地早就有人在使用，因此若選擇擴大面積，新的土地需求必會超乎比例地增加，因為這些地的生產力很差。土壤不良，意謂著平均每人消耗的新林地會增加。由於全世界幾乎所有的熱帶國家，人口都多少在強勁成長，對林地的需求自然也跟著增加。

於是在這些地方，林地經常被非法暫時占用，直到真正握有土地權狀的地主驅逐這些擅自侵入者。世界人口的增加，相對造成了熱帶雨林的縮水。不過有別於一九七〇與八〇年代，人口成長現在已非重要議題。

不過決定那些沒有地產的窮人如何取得土地的，絕非僅僅是人口成長壓力。它在很大程度上，更反映了資產分配的問題。是那些擁有地產的人，把這股社會壓力導向尚未被染指且「沒人感興趣」的雨林土地上；一旦它被破壞的程度夠大，或許就會「理所當然」地適合開闢為大農場，以生產外銷產品。因此購買來自這些熱帶農場的產品，就是在助長雨林進一步被破壞，並使那些沒有土地的貧農境遇更加悲慘。這些人大多不能歸為「雨林利用者」之列，真正利用雨林資源的人，今天已開始組成合作社協力運作，以發展適地農林業的方式來保留森林，他們獨立自主，生計也逐漸改善。

而那些擅自占地的移墾者，靠的則是從新開墾的林地上盡快且盡量獲取利益，但只能勉強餬口，就里約宣言的意義來說，也一點都不永續。其所引發的雨林破壞，是出口導向大型農場經濟的副作用與結果。而這種效應，我們也有連帶責任。其實還有一個全然不同的領域情況也是如此，那是一種不會讓人聯想到雨林的金屬，而它的價值總會在我們的積蓄貶值時飆漲，那就是黃金。

十一、有毒的黃金

許多人把它戴在頸項或手指上，卻渾然不知因為這些黃金，自己或許已間接成為奪取他人性命的幫兇。目前黃金的價位不斷再創新高，然而自古以來為它喪命者，又何止千百萬。最早把有關亞馬遜的知識帶進歐洲舊大陸者，是西班牙人奧雷亞納。他在亞馬遜尋找傳說中的黃金城，雖然最後希望落空，但西班牙人在這取得的黃金，卻還是足以把他們的教堂裝點得金碧輝煌。那些垂死或注定要死的印地安人被迫帶來黃金，並被施以受洗禮。這種黃金的詛咒，不僅特別作祟於亞馬遜，還有其他地方也深受其害。在聖經裡譴責崇拜「金牛犢」[22]並沒有用，是人類愛慕虛榮與喜歡擺顯的天性，把這種既柔軟、具延展性又不生鏽，雖稀罕卻又大致無用的金屬，變成了一種「偶像」。所有的人都遵從以黃金為標準，來度量一切有價值的東西。只要有點蛛絲馬跡顯示它的存在，就有人會想盡辦法把它從河裡或岩塊裡取出，不管代價是否包括人命。雖說「金錢統治世界」，但指的其實是黃金，因為錢的價值會消失，而黃金卻保值。

對生活在熱帶森林裡的原住民來說，在家旁邊的那條河發現了黃金，是最糟糕的事情之

22. 譯註：在聖經對信徒的諸多提醒中，不可為自己打造偶像是其一。根據出埃及記，以色列人在曠野的四十年中，曾發生過打造偶像金牛犢事件，摩西因此怒摔記有十誡的法版並毀掉金牛犢。拜祭金牛犢被視為迷信。

一。為了把黃金從砂子或碎石中分離出來，人們會使用毒性很強的汞，於是整條河及裡面的魚，都會完全被這種毒素污染。而且汞沒辦法像其它大部分毒素，可透過分解或新陳代謝排除而變得無害，它甚至會特別聚積在生命非常活躍的土壤表層。吃魚的陸生動物，會把這些毒素帶進森林裡；那些傍水而居的人，更會經由他們所吃的幾乎所有形式的食物，攝取到殘留的汞。要讓進入河道裡的汞，隨著大水逐漸從產金的上游被沖刷到海洋，需要數千年或甚至更久的時間。

這些淘金客駐紮營地周圍的森林，通常也難逃被破壞的命運。他們會放火焚林，以取得適合的樹幹來鋪設坡道、鞏固河岸邊坡，或將河水引到淘洗砂石與礫石的裝置。大部分的淘金客都是非法的，但當局經常容忍這樣的行為，因為他們早被黃金賄賂收買，而且這些採金的地點又如此僻遠。那些淘金客本身就是投機客，就像屈服在黃金的誘惑下嗜賭成性的人，而少數成功的幸運兒也引來大量人潮。對這場結束不了且不斷擴大黃金熱潮，所有的人都得負責，因為我們始終願意付出更高的代價去購買黃金。任何配戴金飾的人應該都要有這樣的意識，那上面沾染著人命與破壞自然的罪孽。

現在那些淘金客，正把新冠病毒帶進印地安部落最與世隔絕的庇護區裡，例如在亞馬遜雨林北部的雅諾瑪米部落，根據社會環境機構（ISA, Socio-Environmental Institute）的資料，就大約聚集了兩萬名淘金客在非法採金。而根據法蘭克福動物學會調查，在過去三十年間，上亞馬遜的馬德雷德迪奧斯（Madre de Dios）區已因開採金礦損失了十萬公頃的雨林，其中有一半甚至是發生在二〇一一年之後，與法蘭克福動物學會合作的協調員亞斯特里德・亞谷拉（Astrid Aguilar）這樣報導。在法屬圭亞那，也就是直屬歐盟的一部分，二〇一九年少掉了一萬三千公頃的雨林，在巴西領土內則是一萬多公頃。這些數據涉及的並非專門開採金礦的大型企業，而是那些混亂無序、不受控制、由男人組成的小型作業組合，他們像在古代那樣挖著黃金，卻用著現代輔助工具，尤其是毒性如此之強的汞溶液。

限制黃金的製造與流通，或許可以改善這種情況。但更有力的做法，是我們全都能迴避這種黃金熱。認為錢幣貶值很大一部分的原因要歸咎於黃金，這樣的看法有點道理，因為黃金在金融危機時被視為且被指定為安全儲備金。其實沒有黃金與其他幾種像鉑這樣的貴重金屬，我們的貨幣或許會更穩定，因為它必須如此，單從金融界本身的利益來看便已是如此。不過這樣的期望，實在是癡人說夢。

十二、人畜共通病與其他傳染病

天堂樂園是人的願望清單，它所該提供的一切，都反映出我們日常生活的不足與危險。而地獄是折磨與吞噬人的悲慘世界，進入這個煉獄的階梯則是疾病。天堂樂園裡的生活快樂似神仙，熱帶雨林裡的則相去甚遠。那不是我們該生活的世界，即使在地表各大陸與許多熱帶島嶼上都有著各種族群，做到了或被迫必須努力生活在那裡。這點我們之前已多次提及。

以人體自然構造來說，我們天生就適合走路與跑步，不適合攀爬與懸吊，在樹冠上表演雜技。我們的皮膚裸露時，即使身體持續活動也能有效冷卻，雖然這也讓我們很容易受傷或被會吸血的小瘟神纏上。看似無礙的刮傷，也可能會演變成潰爛傷口，況且那些吸血蚊蟲身上還可能帶有病原。自然狀態下對人最理想的氣候，不是濕熱，而是乾燥溫暖。

能夠更換符合實際需求的衣物，使人類生存的可能性幾乎擴及整個地球。而有一個「方向」特別重要，就是朝向熱帶以外氣候較涼爽溫和及較寒冷的地區擴散。那些地方有兩大優勢，較肥沃、生產力較高的土壤，與較健康的氣候。地表不同氣候區的人口多寡就反映了這些條件，如同前面所提及的，面積廣大的熱帶森林人口幾乎最少。如果那裡沒有河湖可供人捕捉魚獲與灌溉耕地，人口密度可能還會比沙漠更低。一地若長不出具食用價值的植物，也沒什麼動物好獵，人便沒辦法大量繁衍。

然而對生活在雨林裡的人類威脅更大的，是潛藏在這裡的許多疾病。絕大多數的病原體都喜歡溫暖潮濕的環境；而傳播它們的那些昆蟲與其它小動物，在這種環境中更是如魚得水。我們從自己所熟悉的環境也知道這點：在潮濕溫暖的夏天，蚊蚋特別猖獗，許多像蒼蠅這類的雙翅目昆蟲也是，如俗稱馬蠅的虻。如果可能，早期的人都會避免進入沼澤區，因為在中世紀、甚至一直到十九世紀末期，瘧疾就連在阿爾卑斯山以北也很普遍。歌德在他的敘事詩《魔王》裡，就已經無意中提到了這點：「是誰在深夜狂風下疾馳……」那高燒中的孩子已經開始神智不清，瘧疾是會致命的。最後以「……那孩子死在他的懷裡」，結束了這首詩。

詩裡的事件背景，是在德國的一個沼澤區。瘧疾是在許多沼澤區被排水疏乾後，才逐漸得到控制。它在荷蘭與德國北部、上萊茵及北巴伐利亞的沼塘地區，都曾經大為流行，一如羅馬附近及巴爾幹半島東南部的沼澤區。德國這裡至今都還有幾種瘧蚊，不過由於被牠們叮咬的人當中早就沒有瘧原蟲感染者，這些本土瘧蚊當然也就沒有病原可傳播，至少目前是如此。

然而，這種會讓人間歇發燒的疫疾，在熱帶地區尚未被抑制，瘧疾風險區甚至還擴大，因為人類為瘧蚊製造出更有利的生存條件，而對抗各型瘧疾的藥物效果卻差強人意，因為瘧原蟲已產生抗藥性。這場對抗瘧疾的奮戰，在成功與挫敗之間來回擺盪，根本看不到永久勝利的希望。而我們在了解其原因的同時，也會明白為何來自熱帶森林的病原特別危險。

絕大多數人類的傳染病，並非在人身上發展形成，而是從動物身上「跳到」我們這裡，然後才繼續演變。這也是為什麼醫學上稱它們為人畜共通疾病。而它們出現的關鍵前提，便是持

天堂鳥之島

東南亞地區的雨林，在面積高達七十八萬平方公里的新幾內亞島，達到了它的最佳生長狀態。這是人們對它的印象。這樣的印象雖是錯覺，某方面來說卻也算正確。因為由東南亞半島與澳洲大陸間成千上萬個熱帶島嶼所組成的這片巨大島群（通常被視為馬來群島），其實有著完全截然不同的過去；若就自然特性的差異來看，我們甚至必須從這片島群的正中央，畫出一條分隔線。而有人確實這樣做了，在十九世紀馬來群島的動、植物被更詳盡地研究時。其中尤其重要者是華萊士，他也在達爾文之外獨立發現自然天擇是物種形成、因此也是生命演化之機制。當時讓研究者大感驚奇的是，這裡許多物種的分布，都沿著一條隱約劃開西部與東部島群、有點曲折蜿蜒的線嘎然而止；而這條線的另一邊，則開始出現幾乎全然不同的物種。也就是說，在這條後來被更加精準定位的界線以西，有著典型的、或與彼此具近親關係的東南亞物種；以東的物種則有著完全不同的來源，與澳洲大陸的物種相近。

而新幾內亞島正是這群東部「澳洲型島嶼」的核心。我們如今知道這點至關重要，因為在二萬年前末次冰期最盛時，新幾內亞島與澳洲的陸塊彼此相連，其四周的島嶼也是。而冰期結束後海平面的上升，讓主體是由高山構成的新幾內亞與澳洲大陸分離。至於蘇門答臘、婆羅洲、爪哇與西側大部分地勢較高的區域，也以同樣的方式變成了島嶼。在那之前，它們與東南亞的大陸部分也合為一體。

一旦知道這點，就能明白為何新幾內亞島如此特別。不像西部的島群，這個巨大的島嶼既沒有老虎、犀牛，也沒有紅毛猩猩或其他哺乳類動物。這裡只有源自澳洲的哺乳類動物，例如樹袋鼠與其它比牠更小的有袋類親戚，而且型態非常原始，像卵生的針鼴。澳洲覆滿熱帶森林的最北方，則是鳥類的天下，因為亞洲當代的哺乳類動物無法克服「華萊士線」（已修正者）上那些狹長海灣的阻隔。

就這樣，一種最不尋常的毗鄰關係出現了，它在環境與歷史上的共通性及差異性，都比地表任何其他區域更清晰更見。新幾內亞島與西半部（印尼）群島的共通點在熱帶自然環境上，但歷史卻讓它們產生了差異性。（澳洲）有袋類動物的分布區，就以不過幾十公里寬的海域為邊界，直接與一個全然不同的動物世界相鄰，那裡有著以子宮在體內孕育幼崽的現代哺乳類動物。這些狹長的海域界線，對具飛行能力的鳥類或昆蟲的作用，或許不像對哺乳類動物那麼大，但也大到足以產生顯著的影響。例如下頁這幅圖中所呈現的南方鶴鴕，是新幾內亞島上最大、對人類也可以很危險的動物；牠雖然是鳥，卻是個不能飛的「巨人」，且演化自一種相當原始的鳥種。被牠異常強壯有力的巨腳踢打，有重傷的危險，幸好南方鶴鴕對人類其實毫無興趣，牠的目標是體型較大像雞這樣的飛禽。就此而言，牠與卵生的針鼴，還有已經無法像一般袋鼠四處蹦跳、只能爬在樹上的樹袋鼠，同屬島上最具特色的物種。新幾亞內島還有一類鳥，會以令人印象深刻的求偶舞來展炫自己亮麗的羽衣，「天堂鳥」這個稱號在牠們身上，完全實至名歸。一個很貼切的例子是紅天堂鳥，牠的舞姿完全可稱之為一種藝術。

Bougainville
Choiseul
Salomonen
Santa Cruz
Vanuatu
Gilbert
Tuvalu
Samoa
Fidschi
Tonga
Chesterfield
Neukaledonien
Kurzschnabeligel · Tachyglossus aculeatus
JOHANN BRANDSTETTER

天堂鳥之島

Ornithoptera paradisea ♂
HELMKASUAR
Halmahera
Biak
Irian Jaya
Celebes
Molukken
Seram
Buru
Aru
Banda
Tanimbar
Flores
Sumba
Timor
Australia
Borneo
WALLACEA

要說鳥類之美在新幾內亞島達到了巔峰也不為過。不僅如此，這裡的鳥翼鳳蝶同樣是鱗翅目世界裡華美的極致。插圖中所繪的鉤尾鳥翼鳳蝶（*Ornithoptera paradisea*），只是這裡無數美不可方物的蝶類之一。新幾內亞島以孕育天堂鳥與鳥翼鳳蝶聞名於世，不過那裡在千百萬年前，也發展出一種深受我們喜愛的鳥之始祖，也就是雀形亞目的小型鳴禽。此外，新幾內亞島也是香蕉的原生地，或許對我們人類而言，它遠比任何其它植物都更能代表熱帶世界。

續地近距離接觸那些帶原動物。例如肺結核與布魯氏桿菌病是來自乳牛身上，痲疹和天花也是起源於動物。

只要人類是居住在小群體中，且不在特定地點停留太久，這些傳染病就無法落腳生根並擴散。飼養牲口的定居生活所付出的代價，便是疾病愈來愈多。過去那些雨林裡的原住民，都還在廣大的空間裡四處游移遷徙，直到近代他們才被設下限制，傳統生活方式也因而走向崩解。「文明化」毀掉這些族群的一大部分，倖存者則經常在很不人道的環境條件下掙扎過日。對他們大部分的人來說，（被）變得「文明」意謂著失去自己的文化，以及生活狀況的急遽惡化。然而從病原體的「立場」來看，這簡直再好不過。它們有了最佳的生存與繁殖條件，這些人提供了讓它們能不斷複製、變種與適應的環境。

而且這絕對不只在過去才如此。隨著今天全球人口頻繁的跨境移動與旅遊，人類成為病原體新宿主的可能性更大為增加。跨物種感染愈來愈常見，在過去的五十年裡，我們就因此「獲贈」了引發愛滋病的人類免疫缺乏病毒（HIV）、伊波拉病毒、SARS以及當前的新冠病毒，此外，還有某些地方性的病原體。而它們始終來自於動物，而且最常是熱帶動物，其中猿猴與猩猩由於是人類演化上的近親，因此對我們特別危險。例如黑猩猩屬之下的兩個物種，跟人類只存在百分之一．二的基因差異。而這也帶來另一種結果：來自人類身上的疾病，對牠們同樣也特別危險，因為牠們對這些疾病沒有免疫力。不過這些得病的黑猩猩，也可用人類的藥物來治療。

蝙蝠與狐蝠（牠們同屬概稱「蝙蝠」的翼手目動物）跟人類在親屬關係上，其實不像我們以為的那麼遠。牠們傳播給人類的疾病甚至尤其凶險，因為蝙蝠能夠飛行，天生就得面對抵抗病原能力非常嚴格的篩選，抵抗力較弱者早已被淘汰。而人類所處的環境，早就不再有如此激烈的自然淘汰，我們的醫學發展就是在與它對抗。假如今天人類突然必須住在非常簡陋的小屋，過著游獵、採集者那種身體得面對高度挑戰的生活，應該會有一大部分的人，在自然淘汰下犧牲。

會侵襲呼吸系統，即肺部、支氣管、咽喉及口腔的病原體，對蝙蝠進行過極為嚴苛的篩選，然後與牠們的身體達成妥協共存。然而一旦它來到人類身上，便會引起我們免疫系統非常劇烈的反應，從而導致比例高得駭人的重症者死亡。由於沒辦法充分呼吸，他們虛弱的心臟也無法再供應足夠的血液到腦部及身體。

特別棘手的是，如果那當中有一個完全不同物種的中間宿主。例如被懷疑將新冠病毒傳給人類的穿山甲，由於這種動物的新陳代謝相當緩慢，因此病原體在受感染者的免疫系統產生過激反應前，有很多時間繼續發展。從這點來看，人類也是它的理想宿主，因為就體型大小而言，我們的新陳代謝事實上進行的很慢，例如就比狗要慢得多。而這點可從體溫的差異表現出來：在體型中等（成年者約五十～一百公斤）的哺乳類動物裡，人類攝氏三十七度左右的體溫算相當低。

發燒是人體對抗感染最早、也最常出現的重要反應，因為溫度升高能打擊或殺死病原體。

瘧疾陣發性的高燒，便是我們的身體正試圖以高溫來消滅感染源。然而時間較長的高溫，也就是嚴重發燒，卻也可能會致命。傳染病是人類的「阿基里斯腱」，而且年歲愈長，這個弱點就會明顯致命。以人類這種體型大小的哺乳類動物而言，平均壽命通常不會高於七十歲，所以許多高齡者一遇到像新冠肺炎這樣的傳染病，便成了高風險族群。因為老化的身體無法承受四十度以上的高燒不退，更遑論呼吸系統已遭到損害，於是老人一旦罹患新冠肺炎，死亡率就會大幅升高。

根據以上說明，我們不難理解為什麼過份接近雨林動物是如此危險。尤其是生活在樹冠層且具備飛行能力的物種最容易帶有病原，牠們本身通常早就與這些病原達成某種平衡狀態。我們不知道這些動物是損失掉多少性命，才換來現在的免疫能力，而且這點也永遠無法得知，因為那必然發生在遙遠的過去。不過，我們很清楚人類歷史上的瘟疫所帶來的後果：由嚙齒動物傳給人類的鼠疫在十四世紀肆虐於歐洲時，至少奪走全歐洲三分之一人口的性命。而這種鼠疫的傳染力，甚至還比新冠肺炎低。

因此，看在健康的份上，我們最好避免跟雨林動物接觸。你或許會說這還不簡單，沒有人非得去叢林裡抱著猿猴親吻，或不做任何防護就跑進蝙蝠洞裡四處亂逛。可惜這種局外人的判斷非常偏離現實，因為有兩種熱帶疾病的接觸來源一直都非常活躍。一是所謂的叢林野味，再者則是傳統中藥。從穿山甲和它角質化的鱗片到犀牛角粉，從蝙蝠、熊膽到浸泡在藥酒裡的蛇，在東亞與東南亞地區，幾乎所有東西都會被拿來當作治病或壯陽的藥材，有些我們甚至完全無法想像，例如用虎鞭來增強性能力。而且物以稀為貴，愈是稀罕的動物，賣得價錢也就愈好。而捕捉這些動物的私獵者，無可避免地會與牠們近距離接觸，於是也就成為了新病毒或其它病原體的開端，也就是所謂的零號病人。

至於叢林野味，儘管發生的方式不同，情況卻很類似。尤其在非洲許多地區，各種野生動物的肉在人的食物中一直占有很高的比例。他們因農業生產不佳而貧乏單調的食物，至少可透過野味補充蛋白質來獲得改善。只是當地的百姓並不知道或根本不會想到，比起近百年前的中歐人（這些人當時還吃著被旋毛蟲污染的豬肉或其它有寄生蟲的肉），自己感染致命疾病的風險其實更大。森林野味並沒有經過肉品檢驗，此外在它們周遭的環境中，也充斥著遠比歐洲多的寄生蟲與病原體。

此外熱帶國家所遭受的新殖民地式剝削，更加劇了叢林肉的問題。幾十年來在熱帶非洲，為國際市場需求而生產，一直都比投資改善本國人民的食物供應還更具吸引力。因此假如有開明合理、而不是暗地只考慮個人利益的發展政策，當地百姓根本就不需要吃這種野味。愛滋病本來是可以避免的。一種對猿猴無害的病毒，也就是愛滋病毒之近親病毒，最後跨種傳播到人類身上，然而付出代價的並不是那些罪魁禍首，而是整個社會。我們對待熱帶森林與生活在那裡的人的方式，就像逆火一樣，總會不斷回擊到自己身上，並付出遠比獲利更多的犧牲者與代價——而真正的獲利者甚至還是少數。

可惜一如往常，我們總是治標不治本，只處理病徵而沒除掉病根。因為那些國際貿易場上的權勢者從中作梗，地球的未來他們根本不在乎。對於那一連串為了拯救雨林或全球氣候而密集舉行的國際會議，比起達成任何目標，結果卻總是耗掉更多資源並為大氣製造更多污染，對此，他們大概就是一笑置之。

第三篇

留下熱帶森林

3

一、買下森林

身為本書作者，我們最想做的應該是自己買下一塊熱帶森林。譬如一座還覆蓋著森林的小島，或一整片可眺望大海的海岸森林；在那裡，太陽升起時森林會水汽蒸騰氤氳，而吼猴會以早晨的大合唱歡迎每一天。我們會整天作畫、欣賞風景還有做研究，並幻想自己置身天堂，抱著美好純真的自然浪漫情懷。

不過只要在一座叢林度假小屋待上幾天，你就會發現事實並非如此。你雖然為此花了大錢，但若想確保能以自然生態旅遊的方式留下這一小塊熱帶森林，它所提供的卻又遠遠太少。特別是如果傍晚沒有大象現身在林間空地，發出喇叭聲一樣的呼喊，宛如從幽暗森林裡冒出來的灰色巨人，或看不到花豹正悄悄走向精心藏好的獸屍，忍受著觀光客對自己拍照的閃光燈。反正大部分的雨林，確實是沒辦法提供給遊客像非洲莽原或印度叢林那樣令人讚嘆的動物世界，畢竟印度叢林並非原始森林，而是已經被利用了數千年。所以我們究竟該如何留下熱帶雨林這生物多樣性的庇護所？還是所有的努力從一開始就是白費力氣，尤其是當地人自己根本就不想這麼做？

如果我們是想分享這種悲觀的看法，且認為所有的努力都是枉然，那就不會出現這本書。我們確實相信有辦法在它被破壞之前，搶救下一大部分的熱帶雨林。而這種樂觀的態度，有不同的調查結果與事實為根據。至於要如何達到最大的成效，中國其實已經先行示範。多年來它在非洲以及東南亞的可能之處大量購買土地並取得使用權，即使它根本尚未開發。這些土地的取得進行得非常低調，也幾乎沒有人注意到。我們現在當然不是在假設，中國接下來會在它所獲得的特許區裡對雨林進行特別的保護。這個例子更要表達的是：比起只是這裡、那裡的買塊森林，或把某特定區域指定為國家公園，我們所能做的其實遠遠更多。因為不管在哪裡，所有權與使用權永遠都比國家的規定更優先且更受重視。這是人的本性，私人產業總是遠比公家土地維護得更好。形式上屬於大家的東西，通常最不受尊重。因此，保護某種東西最有效的方式，就是把它所在的土地買下來。

對熱帶森林來說，這意謂著只要買得到的就盡量買。事實上有些雨林保護組織，多年來就已經在這麼做，只是由於不管是人或資金都來自境外，他們當然得和當地居民密切協調配合。只有這樣才能真正做到保護，反之則幾乎或根本沒有機會。所以國際保護組織需要區域或甚至地方性的合作夥伴。建立這種組織合作關係，並有效維持它運作，是從募款到購入土地這個行動的關鍵前提。這種方法可說是從基層開始做自然保育。即使剛開始是以小面積來運作，經年累月也能發揮很大的作用。把每個保有美好雨林的夢想，都當成能

蓋起大屋子的小磚頭，一點也不脫離現實。

哥斯大黎加便是生機蓬勃且運作良好的例子。不過當然也還有別的地方，例如位在秘魯亞馬遜地區東部，由德國學者柯普克（Koepcke）夫婦所建立的潘瓜納（Panguana）研究站。柯普克夫人在發生於研究站附近的一次空難中罹難，但她的女兒茱莉安娜活了下來，而且是唯一倖存者，並繼續接管這個研究站。半世紀之前，潘瓜納還是一片面積廣大且綿延不絕的雨林的一部分，就位在烏卡亞利河（Ucayali）的支流旁。現在它雖然像座森林孤島，卻還一直保有極其豐富的各種動植物。潘瓜納是私人投入自然保育的典範，也是研究亞馬遜雨林生物多樣性的重點機構。

其實我在一九七〇年就遇到過類似的例子。一位德裔巴西人把一整座山變成私人產業並加以保護，這座位在巴西南部聖塔卡塔林那州（Santa Catarina）布盧梅瑙市（Blumenau）附近的山，名字就叫「尖頭」山。我在那裡的早晨真的都是被吼猴叫醒的，而幾乎每一天也都是在牠們的合唱聲中落幕；傍晚時，灰尾雨燕（Chaetura andrei）會從山坡上低飛掠過森林，然後以一種驚人的飛行絕技，驟降進山坡上那些屋子的煙囪裡。這些黑色的鳥會在那裡過夜，而牠們一大早飛離的畫面，看起來就好像煙囪冒出了黑煙。類似的例子還有很多，這類由私人所推動的研究站完全有其傳統，因為最早對熱帶世界進行密集研究者就是它們。

洪保德也進行過的那種沿河遊歷旅行，總是只能帶來短暫粗略的印象。它能讓人蒐集生物樣本，發現新物種，也經常為多少帶點冒險色彩的故事提供材料。那些研究站相對地已運作數年，甚至經常數十年，它們為研究建立起區域性焦點，也與當地人接觸並搭起溝通的橋樑，這對於讓當地人瞭解自己研究的意義與目的是不可或缺的。

而且即使這些科學家被看做瘋子，持續與在地人接觸，還是能達成讓他們開始重視身邊既有環境的目的。因為如果這些來自遠方的學者都如此長久且密集地研究他們的一小塊森林，那它必然有特別之處。我們擁有、認識、因太過熟悉而覺得無趣的東西，有時會經由別人的關注而得到意義。在當地進行研究及保育工作的人，大多並非刻意去利用人的這種典型思考模式。不過如果對當地居民來說，森林一直就只是森林，只是木材資源與各種討厭的蚊蟲或危險小動物的大本營，他們也就無法了解，為什麼森林應該要盡量保持它原有的樣子。

因此科學研究站與私人保育區，包括那些以狩獵為目的者，始終是保護雨林行動的濫觴。而傳統文化中將某特定森林範圍或某種動物判定為「禁忌」，所達到的效果也差可比擬。某些掛有基督教符號或圖像的樹會告訴我們，這種「禁忌」在今天作用還有多強。在排列整齊劃一的人工經濟林裡，這些枝幹蒼勁多結、在巴伐利亞被稱為「受難者紀念樹」的樹木，經常是唯一能倖存下來的老傢伙。

而這種「禁忌」的概念，如果在當地有合作夥伴來協助轉化，其實可以根據各地文化特色應用於全球。以村落或地方社區為單位來進行的小尺

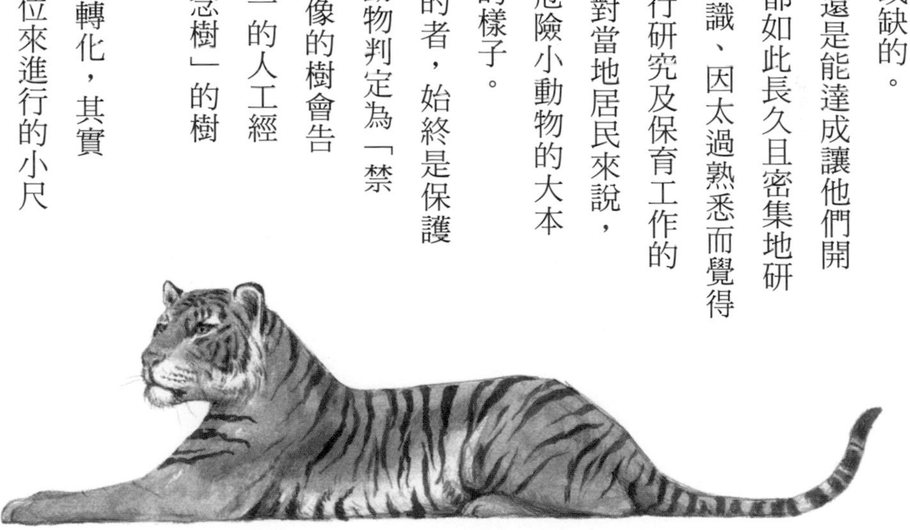

度雨林保護，也經常會演變成一種對少數族群多元文化的保護，他們大多是在現代文明的排擠下被迫退至邊陲。例如亞馬遜雨林的印地安人，他們被安置到某些保留地，就像需要被保護的野生動物那樣。

不過如果把這些原住民一概而論為「與森林和平共存」，或都是「想留下森林的人」，就未免太過天真。他們早就開始以現代獵槍來打獵，只有在面對遊客時，才會以傳統方式展現如何使用弓箭或吹箭筒。而且一如新幾內亞的巴布亞人或剛果雨林的非洲土著，他們也早就以手機與彼此以及與外在世界連絡。為保護高度瀕危物種而設下的必要管制，如嚴格禁獵，印地安人總能自動享有例外，前提是：只能以非常傳統的方式來獵捕。不過，這根本完全不切實際。我們必須讓那些一度很難捕獲、現在用槍卻輕而易舉就能獵殺的動物，在活著的狀態下比死掉值錢。這個問題直指森林盜獵的核心，因為以中國為主要市場的動物，如非洲與東南亞熱帶森林裡的穿山甲，售價是高到如此離譜，也難怪盜獵者甘冒風險提供獵物。純粹只靠「保護」動物，他們根本沒辦法生活。

二、華盛頓物種保護公約

為了保護高度瀕危物種，打擊盜獵者、走私客及貪腐海關人員，自一九七六年起，華盛頓物種保護公約生效了。即使它所發揮的作用遠不如預期，許多方面還是因此有了顯著的改進。而最好的例子，應該就是非洲的豹與熱帶美洲的虎貓。這些大貓的毛皮有著美麗的斑紋，而用它製成的大衣，直到一九八〇年代，在上流社會仕女圈中都非常流行。不過自從美洲虎貓像豹一樣被納入公約保護後，牠們的毛皮便被限制貿易，更確切地說，是在法律上禁止買賣。雖然懂得如何鑽法律漏洞的黑市還存在，但是因為身著花豹或虎貓皮草的貴婦倍受輿論抨擊，幾乎不見容於任何公眾場合，非法交易也因此急遽萎縮。非洲豹的數量於是逐漸回升，而人們也再度能在國家公園裡與牠邂逅。

至於美洲虎貓，儘管非法獵殺同樣也有所縮減，情況的改善卻沒那麼理想。虎貓在中南美洲熱帶雨林裡的營養基礎原本就遠比非洲豹差，因為熱帶美洲體型大小正好適合虎貓獵食的哺乳類與鳥類，在數量上遠低於非洲莽原，而那是豹的主要生活空間。

不過事實證明，走私貨的搶手程度是由市場來決定。這些斑點大貓的毛皮現在幾乎沒人要買，以往會裝飾在仕女帽上的漂亮羽毛，包括來自新幾內亞的天堂鳥或南美洲的鸚鵡，現在也完全不重要，輿論的壓力發揮了強大的作用。遊客從熱帶帶回來的小禮物，愈來愈常因涉及華

大熊貓的小世界

大熊貓是世界自然基金會（WWF）的標誌，也是自然保育的全球象徵，牠的生存空間變小了。牠主要分布在中國西南部的熱帶森林邊緣，那裡的山坡遍生著竹林，河谷地勢則外人難以進入。大熊貓是竹子專家，牠幾乎只吃竹子，廣義來說也是一種「草」，因為竹子屬禾本科植物，只不過木質化的莖使它能長得非常高大且極具競爭力。許多人喜歡吃竹筍，不過當我們在享用這道菜時，卻很少會想到這種植物的蛋白質含量是多麼有限。假如我們必須以它來滿足基本需求，像熊貓那樣，就得整天坐著拼命吃並努力消化，而且即使這樣其實也不夠。

但是熊貓卻沒問題，牠們在這方面已經變成專家。吃竹子對牠們是輕而易舉的事，特別是如果竹子的數量很多。牠們會不斷蜷縮起身體來睡覺，而這也是必要，因為唯有如此牠才能好好進行消化。這使牠在我們眼裡是如此逗趣好玩，尤其再加上牠一身怪得很可愛的黑白毛皮。

然而牠的日子可遠比我們所看到的要艱難得多。例如母熊貓的身體，根本很難獲得足夠的蛋白質來孕育下一代。熊貓寶寶出生時還只有一丁點大，因此牠處在全然無助狀態的時間很長，完全得依賴媽媽。此外，熊貓繁殖得很慢，慢到根本沒辦法彌補牠們在數量上免不了的折損。在自然界中牠們已瀕臨絕種。成長中的人口一直往更僻遠山區開墾，不斷壓迫牠們的生存空間；再加上牠們賴以為生的主要竹種，突然大範圍同時開花、結籽然後死去。熊貓因此沒辦法再像過去那樣，可以遷移到其他較年輕且生長較茂盛的竹林去。

位在熱帶邊緣且林木看似茂密蔥鬱的中國西南山區，並不是大熊貓這種「奇葩」所能生存的伊甸園。在氣候上，這裡已由全年穩定的熱帶，過渡為具季節變化與降雨差異；眾多山脈與峽谷，則把全區劃分成生態環境差異很大的次棲息空間。這使它具備了形成多樣物種的先決條件，但也讓許多物種的數量始終保持很小，因為適合牠們棲息的空間非常有限。

而雉雞科所屬的雞形目動物，特別能展現這個原則。下圖中所描繪的角雉，則又是眾多雞形目成員裡最具代表者。牠色彩紅豔、帶白色斑點的鱗狀羽衣，藍色的咽喉以及頭頂的藍色「小角」，都使這種鳥看起來不尋常到你幾乎無法想像牠具備生存能力。然而在東南亞這片山地森林裡，同樣有著如此非凡羽衣的雉雞當中，牠還是最具代表性。很多人應該會很想稱牠為「天堂鳥」，如果不是因為這名號已經被捷足先登，留在新幾內亞島。而儘管並非近親，這兩種鳥在繁殖大事上確實有所呼應：牠們的公鳥都不參與孵育與扶養雛鳥的工作，而是勤快地求偶，努力展現自己的美麗。

究其原因，顯然是母鳥偏好選擇色彩最鮮艷誇張的公鳥來交配。以專業術語來說，這叫性選擇。在鳥的世界裡，這種現象似乎特別經常出現在長有許多莓果類低矮灌木的山區。那其中是否有更深的關連性，尚未完全釐清；然而我們知道在這種生存條件下的昆蟲界，也存在此類外表簡直可說過於奢華的形態，就像圖左的中國月娥，也就是後翅拖著細長尾突的長尾大蠶蛾（Actias dubernardi）。本區某些鳥也帶著長長的尾羽，這是巧合嗎？還是這個構造，有利於在陡坡上且縱谷氣流多擾動的樹冠層中飛行？大熊貓的小世界，是地表最引人入勝的自然區域之一。

Temminck's Tragopan · Tragopan temminckii ♂
JOHANN BRANDSTETTER
2019

大熊貓的小世界

Actias duberdani ♀
Bobaum · Ficus religiosa
Ginseng · Panax ginseng

盛頓公約保育的物種而被查驗沒收；而海關一時沒發現的違禁品，你也不能或只能非常小心地「展示」，因為一旦事後被發現，還是會被沒收並祭出罰款。

那些名列華盛頓物種保護公約的動、植物與相關產品，雖然無法完全阻止進入黑市，但嚴格限制確實緩和了瀕危物種的生存壓力，如此一來，只要情況允許，牠們的族群數量便有機會恢復。所謂的情況包括兩方面，一是物種所需要的生存空間，二是當地居民的行為態度。例如，不管是美洲虎在熱帶美洲或老虎在印度與東南亞，雖然就面積而言，都有足夠的生存空間可以像獅子在非洲那樣，維持充足且相對安全的數量，但非洲的獅子有野生動物可獵食，在那裡的國家公園與野生動物保護區裡，牠的食物來源完全綽綽有餘。

而美洲虎與亞洲的老虎，則是愈來愈常去獵捕牛隻與其它家禽家畜。南美洲本來就缺乏較大型的哺乳動物，但早期從歐洲引進的牛，如今可不只有百萬千萬隻，美洲虎因此可以在雨林邊的牧草地或森林裡河道兩側較開敞的草地上獵捕牠們。所以保育美洲虎，必須先在當地畜牧業主身上得到一定程度的容忍，這與東非高原上的馬賽人保護自己的牲口情況完全不同。在那裡，只要有荊棘灌木圍成的刺籬或點上一把熊熊燃燒的火炬，通常就足以遏止獅子或花豹在夜晚侵入畜欄。然而巴西、哥倫比亞、委內瑞拉南部、玻利維亞東部或某些熱帶以外區域數量驚人的牲口，根本沒辦法以類似方法或利用工作犬，來保護牠們免遭美洲虎攻擊。

至於南亞與東南亞僅剩的老虎棲息地，與人類的活動空間更是緊密交織。在那裡唯一幫得上忙的方法（如果真能幫上），就是賠償農民的損失，跟在德國當牲口被狼咬死時一樣。而這肯定是可行的。就它在當地真正能做到或能發揮的作用而言，這樣做的花費要遠比許多發展援助方案低。像美洲虎或老虎這類大型動物，經常因為天生對空間的需求較大，而無法在對牠們而言通常太小的保護區裡生存下來；所以若想留下牠們，簡單說就是得付錢，對狼也一樣[23]。相對於我們投入在推廣農業上的資金，那只不過是九牛一毛。

因此不管事關雨林或其它生存空間，在熱帶國家推行的物種保育專案，都絕對值得我們傾全力支持。而且這些專案不該只透過私人募款，而是應該以發展部門的政府資金來推動。國家必須承擔起這個跨國性任務，而且在一個民主社會裡，人民更應該迫使它負起這個責任。

23. 譯註：德國許多鄉間野地（尤其在北德）近年因狼的重返，在野生動物保護、社會安全與畜牧業損失等方面，引發不少衝突、爭議與討論。

三、債務免除與直接支付

迫使政府採取行動，特別適用在雨林的保護上，因為這項任務規模之龐大，完全超乎個人與保育組織之能力所及。中國已經示範了如何以國家之力在全球採購，至於西方國家早先在這方面的嘗試，卻遠遠沒達到他們所希望的效果。那就是所謂的「債務交換自然」（debt for nature swap），這句代號的涵義，是透過保證保留雨林、濕地或其它具全球重要性的自然區域，以換取債務免除。也就是說，如果有這麼多平方公里的森林被保護下來，就會有那麼多百萬美元的債務被免除。這個機制聽起來很讓人信服，效果卻跟以碳權交易[24]來保護氣候一樣虛無。於是好幾十億的錢蒸發了，它們煙消雲散卻毫無作用。以免除債務來保護森林與生物多樣性，根本從未真正推動起來。或許也因為在每筆債務背後，都有來自廣大金融界的債權人。

所以取得土地在一段明確時間內的使用權，就像中國所執行的，很可能是更好的途徑。而且這對提供使用權的熱帶國家來說，甚至也更具吸引力。因為如果那些森林實際上並不是被使用，而是被保存，這些國家得到的就只有好處，不用概括承受可能的弊害或因此衍生的後續成本。所以與其跟熱帶森林持有國「交易」碳權，我們更應該把錢運用在取得熱帶森林的使用權上。如此一來，這些熱帶國家不僅可得到大筆金錢，以促進本身的社會經濟發展，也會更有動機盡量留下森林，使它繼續成為一種很容易轉換為資本的有利資源。它們根本不需要、也不應該先欠下一屁股債，然後再等著或許會被免除，而是完全能從本身擁有的自然資本直接獲利：一種利息資本。

至於對我們這些資助者來說，為保留全球生物多樣性與雨林而掏出錢來，其實跟支持我們自己的文化遺產與環境保護沒什麼兩樣。它們是全球環境的一部分，不是可以讓人隨心所欲處置的孤島。唯有這樣做，氣候保護才真正具有意義。否則只在自己的國家竭盡所能地減少溫室氣體排放有什麼用？就像達成碳中和的德國，無法阻擋海平面上升，也救不了漢堡。

遠比我們過去必須做或未來不應該再做的一堆氣候數據更有效的，會是優先考量我們透過進口動物飼料、棕櫚油（及其相關產品）與熱帶原木，對全球產生的影響。如果這些都能在幾年內大幅下降，必定也能有效減低熱帶森林的毀林比率。所有進口的飼料與棕櫚油產品，都必須附加因它毀林所產生的損壞成本。這種肇事者得承擔一切後續成本的原則，可為保護行動提供資金。不管是柚木、油棕樹或大豆，既有的栽培園都可以讓自己在品質與永續性上得到認證。而其中一個重要標準必須是：這些栽培園能夠透過不干擾生長及採行特殊物種保護，容許、保留或讓「其它生命」重返到什麼程度？老虎完全可以生活在柚木栽培園裡，如果牠在那

---

24. 譯註：碳權的設計是為了降低全球排碳，以對抗氣候變遷的難題。此外雨林居民亦能藉保護雨林獲利，無須再砍伐樹木。其作法是當地人透過保護雨林來減少二氧化碳排放量，而這些減少的排碳量可成為碳權，以賣給海外企業來抵銷其所排放的溫室氣體。

裡找得到獵物。假如相關植被會被保留，油棕栽培園也完全可以是多彩多姿的鳥樂園，對猿猴及其它動物，也會是極具吸引力的生存空間。我們在自己的國家致力於改善農、林業的生產品質與條件，並努力將其付諸實踐，而這在我們購買那些熱帶產品的地方，做起來會容易許多。除了公平交易，還得加上公平生產。一九九二年的里約地球高峰會就已經預見這點，並以結合保護生物多樣性與永續發展為目標。這兩者都是可以做到的，同舟共濟的關係讓我們必須採取這樣的行動；而且它終究會成功，因為我們還有一個有利因素—大自然的潛力無窮。

我們的書已指出這點。雨林的終曲尚未響起，它一直都還在，並未消失。

四、自然旅遊能達成什麼？

熱帶的自然之美無可比擬，而且它一直都存在著，是可以親身體驗，並非憑空想像畫出來的。若以藝術形式來呈現它，你甚至必須有所刪減——為了讓畫面清晰明朗，你得捨棄能呈現出多樣性的細節。任何一個從熱帶森林景觀中框出的畫面，裡面都含有更多細節，那是一種完全無法呈現的豐富性。而這樣的豐富多樣與美麗是否要保存，以及要保存多少，是取決於我們，取決於富裕國家的經濟型態，也取決於我們在民主社會的要求下要發揮多少影響力。

如果我們願意，熱帶森林是有未來的。每年有數百萬人前往熱帶地區旅行，而許多地方也已經在推行自然旅遊，以此保留森林及其豐富的動物相。即使這可能損害到環境，畢竟從全球視角來看，遠距旅行也很有問題，但自然旅遊卻還是絕對勝過砍樹伐林。凡事總得權衡得失，純粹的利或弊是不存在的。新冠肺炎的危機充分顯示，航空運輸的急遽縮減，顯著降低了對氣候有害的廢氣排放；然而消失的觀光客，卻為百姓別無其它謀生方式的地區，帶來失業與貧窮。所以他們只能回頭動用既有的森林資源，而最後所造成的全部可能損害，還超過因航班減少使二氧化碳排放量減低所帶來的有限收益。

如果我們想留下熱帶森林，就免不了得以一種較適當的方式，來界定這樣做的價值。比如說，留下森林會比伐木短期內帶來的獲利更具有價值，而且長期來看更能保證收益。即使是就旅客數量來說極為縮減的自然旅遊，如果能結合因此從富裕國家被帶到熱帶國家的資金——一種指定用途（保護雨林）的結合，都能創造出這種增值。在如此切合實際的配套之下，那些來訪的自然之友，都能夠以軟性觀光的方式發揮作用，因為它確保了那些值得保護的森林會被留下。這種觀光會變成一種檢驗協定效果的指標，就像拜訪博物館的遊客，等於是永續保存珍貴文物資產的保證人。然而保存熱帶森林與文物領域是不同的，因為它保存的不是過去文物的紀錄，而是地表所有萬千生命的未來。

小結：因為我們需要森林

以二〇二〇年的數據來看，地表的熱帶雨林大約還剩下一半。這個結果的發現好壞參半。說它壞，是因為隨著被毀掉的森林，許多無法重新被復育的物種，永遠從地球上消失了。它／牠們對自然界以及對人類可能有那些重要性，我們再也無從得知。隨著一半的熱帶雨林被砍伐，氣候也有了區域及跨區域性的變化，而它很可能也已經對全球產生影響。至於影響有多大，實在難以估算。只是也有不少地方已經成功或正努力著在復育過去的森林，或許這能盡量恢復它的氣候生態效應。像中歐地區就有不少中世紀一度被砍伐的森林已被復育，因此德國（再度）有三分之一的國土覆蓋了森林。物種的滅絕不可逆，但森林被破壞可以再補償。我們無從得知地表的物種損失有多大，因為在森林開始被破壞時，人們對地表生命之多樣根本所知甚少。

至於好的那一面，是因為我們還擁有尚未消失的另一半。它的規模還相當可觀，至少足以保存熱帶森林現有生物多樣性的絕大部分；而且要做到這點，我們既有資金也具備機會。想成功運用它們的前提，則是我們得結束熱帶地區的那種新殖民主義經濟剝削模式，並轉化為一種夥伴式的合作互助。雖然這得花很多錢，但代價卻遠比我們必須為毀林所付出的後續成本少。

這方面在氣候保護上已經做得頗令人信服。不過「氣候」對人來說太過抽象，我們是生活在天氣當中；人只有在換到另一個氣候區時，才需要想辦法克服它，例如當我們到溫暖的南方去度假。你幾乎沒辦法把氣候變暖會帶來負面效應這點，真正傳達給人並讓他有所感受，除非是那些（必須）住在酷熱地區且深受其苦的人。我們其實不太可能在自己的有生之年，體驗到真正的氣候轉變。因為它的發生，是以平均零點幾度的變化，來偏離統計上的參考依據。

然而全球森林面積的急劇縮減卻不同。在德國，我們肯定無法坐視整座黑森林在一年之內全被砍光；即使是面積要比那小得多的林地，慘遭樹皮甲蟲侵襲死去（因為雲杉被種在不當的環境裡），或在乾旱及風暴中嚴重受創，都已經讓我們關切不已。我們已經準備好要為此投入大筆金錢，因為我們知道人類同樣需要森林，就像森林對自然平衡不可或缺那樣。

而我們能夠、也必須把這點認知套用到全世界的森林，並想辦法讓它們保存下來。為了保留森林，德國發展出「永續利用」的概念；而正是這個概念，最適合用來面對當前熱帶森林的處境。

謝辭

一本書，尤其是一本想要提供讀者整體概觀的書，有許多創作來源。而書末所列出的文獻，只占其中一小部分。許多內容是來自親身經歷，是我過去在熱帶地區進行無數次旅行與研究累積而來。在多年參與國際自然保育工作的過程中，我經常遭遇這樣的困難：如何把好的且形式上很令人信服的概念，真正化成行動實踐出來。而計畫的成功，並不全然決定於資金供應充不充裕。總有一個問題會不斷浮現：這個專案的成功能持久嗎？對許多參與自然保育行動的人來說（大多是滿腔熱情的年輕人），能夠立刻直接獲致的成果，才真正算數。會在十年內或更遠的將來才展現出成效的，原則上就得先繼續觀望。不過頻繁的挫敗並沒有讓他們氣餒，這種態度著實讓人讚歎。即使一個專案事後你得說它失敗了，這些人的價值還是留了下來，因為努力去拯救必須拯救的東西，無論如何都是值得的。

所以，這本書要感謝他們所有的人，為他們巨大的且不少時候也很「冒險」的參與熱誠。這份感謝，同時也要獻給那些投入保護雨林行動的組織。相較於大型自然保育聯盟，他們更致力於解決會直接影響我們的問題，但這些組織所得到的公眾迴響遠遠更少，也幾乎沒有任何（與發展相關）政策當局的關注。然而這些保護雨林的組織，完全值得政府每年從發展援助金中挪出至少幾千萬歐元給他們，這會讓他們更有機會著手遠大的計畫。這些組織至今幾乎還得全靠民眾捐款來運作的處境，實在令人無法置信也不能接受。

這本書不像之前許多雨林書都以精彩無比的攝影作品來增色，而是以藝術畫作來呈現雨林生命的魅力，這靈感是來自藝術家約翰・布蘭登史戴特（Johann Brandstetter）過去的創作。感謝我的經紀人馬汀・布林克曼（Martin Brinkmann）博士，讓建構出版社（Aufbau Verlag）對這個點子產生興趣，並樂意製作一本「美麗的書」。而編輯克里斯提楊・柯赫（Christian Koth）更提升要求，希望它能兼具資訊性與啟發性。同時達成這兩個目標，本來就是我們的責任。但能夠有機會做到這點，我心懷無限感激。

寫書需要大量時間與不受干擾，而妻子坂本美樹（Miki Sakamoto-Reichholf）在如此艱難的疫情期間，給了我一個能夠滿足這兩項條件的工作環境，在此我要對她致上最大的謝意。

——約瑟夫・H・賴希霍夫，二〇二〇年十二月我要特別感謝莎賓娜．布蘭登史戴特（Sabine Brandstetter），為了她想做出一本雨林書，也為那些她在我們旅途中拍下的令人印象深刻的照片。我在書中許多插圖的題材，靈感便是從中而來。此外，如果沒有任職德國大使館的多年老友安德列斯．塔勒（Andreas Thaller）以及他豐富的經驗，我們在剛果的旅行成果根本不可能如此豐碩。為此我也要對他表達最大的謝意。

——約翰．布蘭登史戴特，二〇二〇年十二月

文獻導引

在洪保德的《新大陸熱帶地區旅行記》（*Reise in die Aequinoctial-Gegenden des Neuen Continents*, 1807）之後，又有許多人書寫過熱帶雨林，這本書目前有幾個不同的版本。不過這個地表物種最豐富的自然空間之生態學基礎，是由亨利・沃爾特・貝茲（Henry Walter Bates）的《亞馬遜河上的博物學家》（*Der Naturforscher am Amazonenstrom*, 1866）與阿爾弗雷德・羅素・華萊士（Alfred Russel Wallace）的《馬來群島自然考察記》（*Der Malayische Archipel*, 1869）所奠定，而這兩本書如今也都有新版本。其實華萊士在一八五三年（英文原版），也下筆記錄過他在亞馬遜河與內格羅河的旅行，而這本書的德文版為《亞馬遜河與內格羅河上的探險》（*Abenteuer am Amazonas und Rio Negro*）。華萊士與貝茲在亞馬遜的探險，有部分時間是結伴而行。十九世紀的前半葉，因此可視為是熱帶雨林研究之濫觴。不同於洪保德及其同行者埃梅・邦普蘭（Aimé Bonpland），熱衷蒐集的華萊士與貝茲，已經發現物種的多樣性與稀少性密切相關。他們沒有在熱帶森林，看到為成長中的世界人口保留的土地。雖然後續也有其它研究在進行著，尤其是英屬印度殖民政府裡的大量公職人員所貢獻，或透過蒐集所掌握到的熱帶物種，真正對熱帶自然環境進行更深入的生態研究，是二十世紀才開始。

有兩部作品在國際上、也在德語圈裡，為一九六〇年代展開的「熱帶研究大時代」

打下了根基。一是P・W・理查茲（P. W. Richards）的《熱帶雨林》（*The Tropical Rain Forest*），其中一九六六年的版本，也是我在慕尼黑大學考博士班時副科植物學的基本內容，因此我對它特別看重；另外還有羅伯特・梅滕斯（Robert Mertens）的《熱帶雨林的動物世界》（*Die Tierwelt des Tropischen Regenwaldes*, 1948），由法蘭克福森肯貝格自然研究協會（Senckenbergische Naturforschende Gesellschaft）出版。讓我很感興趣的還有歐文・賓寧格（Erwin Bünning）的《熱帶雨林》（*Der Tropische Regenwald*）。

這些書為我打造了一種框架，讓我得以將多到氾濫的書與從一九七〇起大量出版的專業論述分門別類、妥善安置。此外，若想綜覽德語圈的相關著作並提出讓人還算滿意的分析，實在已超出本書的範圍與目的。因此下面我只選出其中一小部分，它們支持本書所提出的論點，也很適合想更深入了解的讀者。不過這份清單，只代表我非常個人的選擇。

Bayerische Akademie der Wissenschaften（2013）: Schutz und Nutzung von Tropenwäldern. – München.

Caufield, Catherine（1987）: Der Regenwald. Ein schwindendes Paradies. – Frankfurt.

Crosby, A. W.（1986）: Ecological Imperialism. The Biological Expansion of Europe, 900–1900. – Cambridge.

Datta, Asit（1993）: Welthandel und Welthunger. – München.

Forsyth, Adrian & Ken Miyata (1984) : Tropical Nature. Life and Death in the Rain Forests of Central and South America. – New York.

Goldammer, Johann Georg (1993) : Feuer in Waldökosystemen der Tropen und Subtropen. – Basel.

Goulding, Michael (1980) : The Fishes and the Forest. Explorations in Amazonian Natural History. – Berkeley.

Herkendell, Josef & Eckehard Koch (1991) : Bodenzerstörung in den Tropen. – München.

Holm-Nielsen, L. B., I. C. Nielsen & H. Balslev eds. (1989) : Tropical Forests. Botanical Dynamics, Speciation, and Diversity. – London.

Kolbert, Elizabeth (2015) : Das sechste Sterben. – Berlin.

Lamprecht, Hans (1986) : Waldbau in den Tropen. – Hamburg.

Leibenguth, Friedrich (2006) : Skizzen aus Malaya. Evolution in den Tropen. – Bad Honnef.

Martin, Claude (1989) : Die Regenwälder Westafrikas. Ökologie, Bedrohung, Schutz. – Basel.

Martin, Claude (2015) : Endspiel. Wie wir das Schicksal der tropischen Regenwälder noch wenden können. – München.

Müller, Wolfgang (1995) : Die Indianer Amazoniens. – München.

O'Hanlon, Redmond（1996）: Congo Journey. – New York.

Primack, Richard & Richard Corlett（2005）: Tropical Rain Forests. An Ecological and Biogeographical Comparison. – Oxford.

Reichholf, Josef H.（1990/2010）: Der Tropische Regenwald. Die Ökobiologie des artenreichsten Naturraums der Erde. – München/Frankfurt.

Roosevelt, Anna ed.（1994）: Amazonian Indians. From Prehistory to Present. –Tucson.

Schultes, Richard Evans & Robert F. Raffauf（1990）: The Healing Forest. – Portland, Oregon.

Terborgh, John（1993）: Lebensraum Regenwald. Zentrum biologischer Vielfalt. – Heidelberg.

Weischet, Walter（1977）: Die ökologische Benachteiligung der Tropen. – Stuttgart.

Whitmore, T. C.（1975）: Tropical rain forests in the Far East. – Oxford.

雨林研究及保護雨林組織

熱帶生態學學會（Gesellschaft für Tropenökologie）www.soctropecl.eu

支持雨林協會（Pro Regenwald e.V.）www.pro-regenwald.de

拯救雨林協會（Rettet den Regenwald e.V.） www.regenwald.org

史密松寧熱帶研究院（Smithsonnian Tropical Research Institute）Panama&Washington

世界自然基金會　德國分會（WWF Deutschland）www.wwf.de

法蘭克福動物學會（Zoologische Gesellschaft Frankfurt）www.zgf.de

國家圖書館出版品預行編目(CIP)資料

熱帶雨林：多樣、美麗而稀少的熱帶生命 / 約瑟夫 . 萊希霍夫 (Josef H. Reichholf) 著；約翰 ・. 布蘭德史岱特 (Johann Brandstetter) 繪；鐘寶珍譯 . -- 初版 . -- 臺北市：日出出版：大雁文化事業股份有限公司發行 , 2022.08
264 面；17*23 公分
譯自：Regenwälder ihre bedrohte Schönheit und wie wir sie noch retten können
ISBN 978-626-7044-66-7(平裝)

1.CST: 森林生態學 2.CST: 熱帶雨林 3.CST: 生物多樣性

436.12 111011825

熱帶雨林：多樣、美麗而稀少的熱帶生命

Regenwälder：Ihre bedrohte Schönheit und wie wir sie noch retten können

作　　者 約瑟夫 ・ 萊希霍夫（Josef H. Reichholf）
繪　　者 約翰 ・ 布蘭德史岱特（Johann Brandstetter）
譯　　者 鐘寶珍
責任編輯 李明瑾
封面設計 謝佳穎
內頁排版 陳佩君
發 行 人 蘇拾平
總 編 輯 蘇拾平
副總編輯 王辰元
資深主編 夏于翔
主　　編 李明瑾
業　　務 王綬晨、邱紹溢
行　　銷 曾曉玲
出　　版 日出出版
地址：台北市復興北路 333 號 11 樓之 4
電話（02）27182001　傳真：（02）27181258
發　　行 大雁文化事業股份有限公司
地址：台北市復興北路 333 號 11 樓之 4
電話（02）27182001　傳真：（02）27181258
讀者服務信箱 E-mail:andbooks@andbooks.com.tw
劃撥帳號：19983379 戶名：大雁文化事業股份有限公司
初版一刷 2022 年 8 月
定　　價 600 元

ISBN 978-626-7044-66-7